BRAUN/HOFMEISTER

E 16

PORTRAIT EINER BAYERISCHEN SCHNELLZUGLOK

EISENBAHNCLUB MÜNCHEN E.V.
8000 München 80 · Oderstraße 4

INHALT

Titelfoto: *116 019 mit einem Personenzug bei der Einfahrt nach Endorf im Juli 1975 (Bremsqualm). Aufnahme: Wilhelm Schulz*

Seite 8: *ES 1 21 006 in den Bergen. Aufnahme: Krauss-Maffei*

Seite 34: *116 001 und 002 warten vor Lr 34519 im nächtlichen Münchner Hbf auf die Ausfahrt. Aufnahme: Florian Hofmeister*

Seite 43: *116 009 mit Sonderzug auf dem Weg nach Aying. 10.6.79. Aufnahme: Bernd Eisenschink*

Seite 45: *Nach dem letzten Planeinsatz fährt 116 009 am Ostermontag in den Schuppen des Bw Rosenheim. Aufnahme: Andreas Braun*

Seite 84: *116 009 mit N4509 kurz vor Rosenheim. Aufn.: B. Eisenschink*

Rückseite: *E16 19 auf dem Werkgleis der Fa. Maffei im Englischen Garten in München. Aufnahme: Sammlung Gerd Müller*

Literatur:

Elektrische Bahnen, März 1927, Rom-Verlag Berlin
Lokmagazin Heft Nr. 55, 59, 70 und 74, Frankh-Verlag Stuttgart
Bäzold/Fiebig: Ellok-Archiv, Transpress Berlin 1971
Braun/Hofmeister: E17- und E18-Portrait, ECM e.V. 1978 bzw. 1979

VERLAG FLORIAN HOFMEISTER EISENBAHNCLUB MÜNCHEN e.V.

Druck: Offsetdruck Löbker, Alling b. Fürstenfeldbruck

ISBN: 3-88563-008-7

VORWORT

Nachdem seit gut einem Jahr die zweite Auflage des Büchleins "E 16-Portrait" vergriffen ist, und immer wieder Anfragen von Eisenbahnfreunden zu uns kamen, standen wir vor der Wahl, entweder das Buch in unveränderter Weise neu aufzulegen oder es gründlich zu überarbeiten, zu verbessern und zu ergänzen. Wir entschieden uns für eine völlig überarbeitete Ausgabe und haben all die Erfahrungen bezüglich Aufmachung und Aufbau des Buches, die wir mit unseren Monographien über die E 17, E 69, E 18 und E 19 nach und nach gesammelt haben, hier einfließen lassen.

Da der Erscheinungstermin des ersten "E 16-Portrait" bereits im Januar 1977 lag, und die letzte E 16 bekanntlich erst im Sommer 1979 endgültig aus dem Betrieb gezogen wurde, ergaben sich noch eine ganze Reihe von Ergänzungen aus den letzten Einsatzjahren. Auch trug die sorgfältige Auswertung der Betriebsbücher dazu bei, daß das Kapitel "Einsatz" nur doppelt so viel Raum füllt, wie im ersten "E 16-Portrait". Entsprechend verhält es sich auch mit der technischen Beschreibung, wo die Vielzahl neuer Fotos besonders zu erwähnen ist. Der Bildteil wurde entsprechend Zeit und Einsatzgebiet neu aufgebaut und um viele attraktive Fotografien ergänzt.

Dieses Buch soll sowohl demjenigen entsprechen, der unser "Erstlingswerk" bereits besitzt, denn er findet hier eine Fülle an Ergänzungen und auch einige Berichtigungen, als auch dem, der sich nun erstmals über die E 16 informieren will.

Gedankt sei an dieser Stelle allen, die uns durch ihren Beitrag in der Erstellung dieses Buches unterstützten. Besonderer Dank gebührt den Dienststellen der BD München, dem Verkehrsarchiv Nürnberg, Herrn Brune von der Firma BBC, Herrn Peter Schricker, Herrn Berthold Brandt und Herrn Werner Streil.

Als weitere Werke dieser Reihe sind Bücher über die Baureihen E 10⁰ und E 04 geplant, zu deren Lesern wir Sie, so hoffen wir, wieder begrüßen dürfen.

München, im März 1980

Andreas Braun
Florian Hofmeister

BROWN BOVERI
Einzelachsantriebe
BBC D 2152

I. Einführung

Bereits zu Anfang der zwanziger Jahre war die Entscheidung gefallen, die von München ausgehenden Eisenbahnstrecken auf elektrischen Betrieb umzustellen. Für den Betrieb wurden auch Schnellzuglokomotiven benötigt, und daher vergab die Abteilung München des damaligen Reichsverkehrsministerums im Jahre 1922 Aufträge zur Entwicklung von elektrischen Schnellzugloks mit Einzelachsantrieb. Die Ausschreibebedingungen änderten sich jedoch laufend, da erstens von Seiten des Verkehrsministeriums an einer Vereinheitlichung der Loks gearbeitet wurde, und zweitens die Arbeiten an der Verstärkung des Oberbaus auf Hauptstrecken von 16 auf 20 Tonnen Achslast im Gange waren, die den Einsatz von schweren Lokomotiven ermöglichen sollten.

Neben einem Entwurf der Firma BBC mit der Achsfolge 1' Do 1'lagen noch Vorschläge für eine 1'Bo-Bo 1'-Lokomotive (1501) und eine 1'Do 1'-Lok (E 16 101) von Siemens und Borsig vor. Die Deutsche Reichsbahn-Gesellschaft, Gruppenverwaltung Bayern entschloß sich nach eingehender Prüfung, bei der sie sich auf positive Erfahrungen mit der ebenfalls durch BBC entwickelten schweizerischen Ellok des Typs Ae 3/6 I stützte, endgültig für den Entwurf von BBC mit Einzelachsantrieb System Buchli.

Die einzigen Bauauflagen, die die DRG der Firma BBC machte, betraf die Tauschbarkeit der Hauptbauteile mit der schon in Auslieferung befindlichen Personenzuglok Ep 2, der späteren E32. Größtes Augenmerk wurde dabei auf die Verwendbarkeit der Motoren gelegt. Die ursprünglich für die nun als ES 1 bezeichnete neue Schnellzuglok vorgesehenen Motoren mit 585 PS, wären für eine Personenzuglok wie die Ep 2 zu stark gewesen; daher entschied man sich bei der E 16 statt der anfangs vorgesehenen 3 Motoren mit 585 PS für deren vier, die dafür aber jeder nur 500 PS leisten sollten. So ergab sich eine Gesamtleistung von 2000 PS, die reichlich bemessen war, wie sich bei den folgenden Meßfahrten zeigte.

Nachdem die ersten fünf Lokomotiven abgeliefert waren und sich ihre hervorragende Leistungsfähigkeit gezeigt hatte, bestellte die DRG gleich weitere sieben Maschinen als 2. Bauserie. Das aufgestellte Leistungsprogramm, nach dem die Lok auf einer 10 Promille-Steigung einen Zug von 600 t Gewicht sicher anfahren und innerhalb von 6,5 Minuten auf 55 km/h beschleunigen sollte, wurde dank der ausreichenden Leistungsreserven problemlos erfüllt, so daß die E 16 alle in sie gesetzten Erwartungen erfüllt hatte.

Insgesamt wurden 21 Lokomotiven geliefert, wobei bei der 2. und 3. Lieferung die Fortschritte im Lokomotivbau sofort berücksichtigt und verschiedene Verbesserungen vorgenommen wurden.

V
ES1
21006

II. Technik

1) Laufwerk

Der Fahrzeugteil der E16 wurde nach den BBC-Entwürfen von der Lokfabrik Krauss & Co. in München-Allach gefertigt. Als Antrieb dient der bekannte, von Ing. Jakob Buchli entwickelte Einzelachsantrieb, der wie bei der Schweizer Ae 3/6 I einseitig angeordnet wurde. Die vier seitlich eingebauten Getrieberäder sind in einem massiven Stahlrahmen in Stahlgußgehäusen gelagert, der an den Enden durch kräftige Stützen am Rahmen der Lok verschraubt ist. Zwischen den beiden Treibachsen wurde der Kasten für die Bordbatterie eingelassen. Der senkrecht über dem Treibradsatz im Rahmen gelagerte Motor besitzt nur ein verlängertes Wellenende, auf dem das gefederte Ritzel sitzt. Dieses greift direkt in den Zahnkranz der Achse ein. Der Wellenstumpf wurde über dem Treibrad etwas geschwächt, um möglichst große Treibräder und Übersetzung wählen zu können. Der Motor (Bauart ELM 8612) selbst ist starr auf den Lokrahmen aufgeschraubt, wodurch störende Bewegungen innerhalb des Antriebs (z. B. durch Materialverbiegung) völlig ausgeschaltet werden konnten. Die Verbindung des großen Zahnrads mit dem Treibrad wird durch eine nachgebende Kupplung, die frei im Raum, aber nicht in Antriebsrichtung drehbar ist, hergestellt. Dadurch ist ein Verdrehen des Treibrades gegen das Zahnrad um seine eigene Achse nicht möglich. Das Treibrad kann also sowohl Seitenverschiebungen als auch radiale Einstellungen und Federgänge mitmachen, ohne daß die Kraftübertragung gestört wird.

Infolge des einseitigen Antriebs und des hierdurch bedingten Mehrgewichts auf einer Seite mußte aus Gleichgewichtsgründen der größte Teil der elektrischen Einrichtung auf der Nichtantriebsseite eingebaut werden. Lediglich der Trafo und die vier Motoren lagen zentral in Lokmitte.

Bei den Entwurfsarbeiten war man zunächst im Zweifel, welche Drehgestellbauart die günstigste Möglichkeit eröffnete, zwischen Ritzel und Großrad in gewissen Grenzen beliebige Bewegungen zuzulassen. Es standen zwei Vorschläge zur Auswahl: Entweder ein Krauß-Helmholtz-Gestell mit seitenverschieblicher Treibachse und rückgestelltem Drehzapfen, oder ein zweiachsiges Bissel-Gestell mit radial eingestellter Treibachse und Rückstellung, wobei der Drehpunkt dicht hinter der Treibachse lag. Bei dem Krauß-Helmholtz-Gestell war man sich darüber im klaren, daß es in der Geraden gut laufen mußte. Bedenken hatte man nur bezüglich des Kurvenlaufs, da durch die Seitenverschieblichkeit der Treibachse erhebliche Radspurkranzabnützungen erwartet wurden. Beim zweiachsigen Bissel-Gestell war während des Laufs in Kurven der Anschnittwinkel zwischen Rad und Schiene wesentlich günstiger als beim Helmholtz-Gestell. Im übrigen war man sich über die Laufeigenschaften der beiden Gestellbauarten nicht im klaren. Beim damaligen Stand der Erkenntnis war eine eindeutige Entscheidung für oder gegen ein Gestell nicht möglich; deshalb führte man je fünf der ersten zehn Loks mit Bissel- bzw. Krauß-Helmholtz-Gestell aus.

Hauptrahmen einer E16 in Allach; deutlich sichtbar ist das Gerüst, zwischen das der Trafo eingebaut wird. Aufnahme: Sammlung Gerd Müller

Krauß-Helmholtz-Gestell mit auf der Antriebsseite angebrachtem Blechschutz vor Ölverschmutzung Aufnahme: BBC

Daṣ Krauß-Helmholtz-Gestell der E16 Foto: BBC

Anbau einer technischen Neuerung: Der "Sicherheitsapparat". Foto: BBC

Buchliantrieb		116	Anlage:

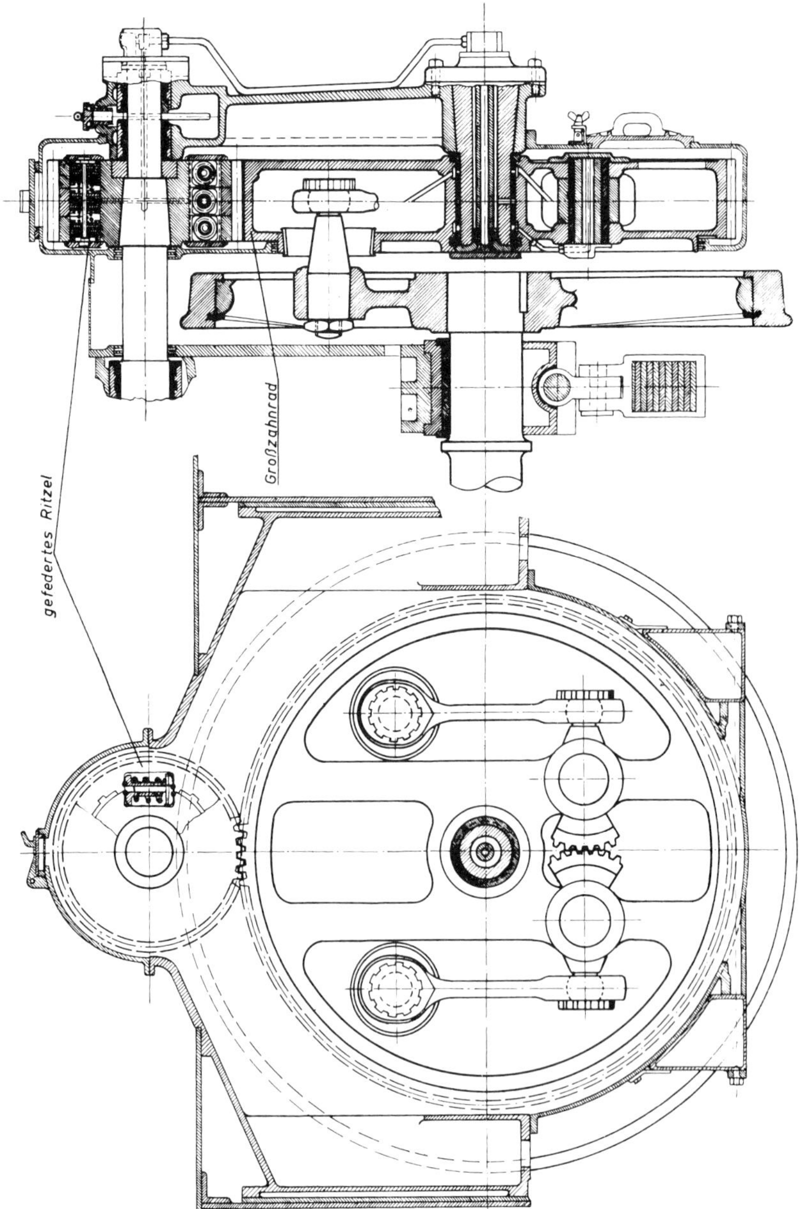

Großrad und Antriebsritzel; gut sichtbar sind bei beiden Zahnrädern die Federelemente
Aufnahme: BBC

Der Betrieb zeigte schließlich, daß das Krauß-Gestell dem Bissel-Gestell überlegen war; auch die befürchteten Spurkranzabnützungen traten nicht auf. Der Nachteil des Bissel-Gestells zeigte sich im Betrieb bald: Bei Gleisungenauigkeiten gelangten alle seitlichen Stöße ungefedert auf den kurz hinter der Treibachse gelegenen Drehzapfen und damit auf den Wagenkasten. Diese Stöße treten beim Helmholtz-Gestell nicht auf, da die Verbindung zwischen Drehgestell und Wagenkasten nicht starr ist, weil der Drehpunkt durch vorgespannte Federn festgelegt ist und bei nennenswerten Stößen nachgeben kann. Die fünf mit Bissel-Gestell ausgerüsteten Maschinen wurden daher schon bald mit Krauß-Helmholtz-Gestellen versehen, was ohne größere technische Schwierigkeiten möglich war.

Der Lokomotivkasten wurde so gestaltet, daß alle für den Betrieb wichtigen, beweglichen Teile gut erreichbar waren, da sich die Wartung der Lok so einfach wie nur möglich ausführen lassen sollte. Genau wie bei der E32 wurden die Mittelteile des Lokdachs bis zur Hälfte der Seitenwände heruntergezogen. Weiterhin waren sie als Ganzes abnehmbar, um ein problemloses Tauschen der Fahrmotoren, des Trafos und der Schaltgeräte zu ermöglichen. Je ein Dachteil wurde über zwei Motoren liegend angeordnet. An den Enden erhielten die Loks feste, mit dem Rahmen verbundene Dachteile, die gleichzeitig zur Aufnahme der Stromabnehmer dienten. In den Stirnseiten, die wie üblich zwei Sichtfenster aufwiesen, wurden bei den Lokomotiven E1601-17 auch noch die für Bayern typischen Übergangstüren eingebaut. Im Zuge der Totalaufarbeitung um 1950 entfielen diese Türen wieder bzw. wurden verschlossen, da sie sich als überflüssig erwiesen hatten. In den Seitenwänden schließlich befanden sich sieben Öffnungen, die der Lüftung der Fahrmotoren und des Trafos dienten; sie wurden durch Jalousien und Drahtsiebe verschlossen.

2) Bremse

Die E16 besitzt eine Druckluftbremse der Bauart Kunze-Knorr, mit deren Hilfe die Treibräder einseitig abgebremst werden konnten. Im Zuge der Generalreparatur wurde auch eine einseitig wirkende Laufradbremse eingebaut. Die Steuerung der Bremse erfolgt durch das Führerbremsventil bzw. das Lokzusatzbremsventil in den Führerständen.

3) Elektrischer Teil

Der Hauptstromverlauf der Lok ist der abgebildeten Hauptstromskizze zu entnehmen. Der Fahrstrom wird dem Fahrdraht über einen bzw. zwei Scherenstomabnehmer entnommen. Ursprünglich wurde der DRG-Einheitsstromabnehmer SBS 9 mit Aluminium-Schleifstück und Doppelglocken-Isolatoren (Wippenbreite 2100 mm) verwendet. Ab 1938 wurde diese Bauart mit der sogenannten "Reichswippe" (Breite 1950 mm) versehen; der so modifizierte Abneh-

Blick auf einen Fahrmotor mit Antriebswelle und Ritzel (Schutzkappe abgenommen) *Aufnahme: BBC*

Blick in den Maschinenraum

mer erhielt die Bezeichnung SBS 10. Bei der Generalüberholung der Lokomotiven zu Anfang der 50er Jahre wurden auch bei der E 16 die Stromabnehmeranschlüsse vereinheitlicht, sodaß nun auch auf den E 16 die Stromabnehmertypen SBS 39 und der inzwischen modifizierte HISE 7 zum Aufbau kommen konnten. Die E 16 18 und 19 hatten beispielsweise den ehem. HISE 7-Typ erhalten (erkennbar an den kleinen, seitlichen Isolatoren und der schrägversteiften Oberschere). Die Loks mit BS 39 waren durch die vornliegenden, dreirippigen Isolatoren zu erkennen. Bei allen Bauarten wurde zu Anfang der sechziger Jahre die Umrüstung auf Doppelschleifstück vorgesehen, da sich diese für schnellfahrende Loks besser bewährt hatten, und nur so der planmäßige Ein-Bügel-Betrieb ermöglicht wurde. Bei der Umrüstung wurde der untere Teil des Abnehmers nahezu gleich belassen. Lediglich der Abstand der oberen Scheitelrohre mußte verkürzt werden, da die gleichen Wippen wie die der Neuloks E 10, 40, 41 und 50 (entwickelt von der Firma Dozler und dem BZA München) zum Einbau kommen sollten. Die Konstruktion bewährte sich, wie bei den anderen Altbauloks auch, im Betrieb ausgezeichnet.

Über die Stromabnehmer, die Dachleitungen und den Hauptschalter wird die Fahrdrahtspannung ($16^2/_3$ Hz, 15 kV) an den Trafo herangeführt. Die Trafowicklungen liegen in Sparschaltung und sind zur Sicherheit doppelt geerdet. Mit Hilfe des Schlittenschaltwerks lassen sich die einzelnen Fahrstufen am Haupttrafo abgreifen. Zur Umschaltung von Vor- auf Rückwärtsfahrt und umge kehrt wurden zwei besondere Wendeschalter eingebaut, die je zwei Motoren bedienen. Außer der Umschaltwalze trägt der Wendeschalter auch noch zwei Abschaltwalzen, die das Ausschalten einzelner Motoren im Schadensfalle ermöglichen. Beide Wendeschalter werden durch ein gemeinsames Druckluftventil gesteuert. Der Öltransformator ruht direkt auf extra gehärteten Stahlguß stützen auf dem Lokhauptrahmen. Die Leistungsabgabe von etwa 1750 kW läßt eine Motordauerleistung von ca. 2000 PS zu.

Der in Kernbauweise ausgeführte Öltrafo gibt unterspannungsseitig durch 19 Anzapfungen Null bis 710 Volt für die Motorstromkreise ab. Für die Hilfsbetriebe stehen zwei Anzapfungen mit 88 und 198 Volt zur Verfügung. Die Zugheizung konnte über Anzapfungen bei 600 V, 800 V oder 1000 V versorgt werden. Die 600 V-Anzapfung wurde im Betrieb allerdings nicht benutzt. Bei 800 Volt konnten 250 kW, bei 1000 Volt 400 kW geleistet werden.

Zur Kühlung des Trafoöls dient eine Schlangenrohrkühlung, die auf der Nichtantriebsseite unter dem Lokkasten aufgehängt ist. Mit Hilfe einer zweistufigen Hochdruck-Zentrifugalpumpe der Bauart Sulzer wird das Öl aus dem Trafo entnommen und durch den Kühler gepreßt. Die Pumpe kann bei 3 at Gegendruck durchschnittlich 300 Liter Öl pro Minute bewegen; dies hängt ganz von der herrschenden Außentemperatur und der damit verbundenen Viskosität des Öles ab. Im Betrieb hat sich erwiesen, daß die gesetzten Höchsttemperaturen nicht annähernd erreicht wurden.

Stahlgußgehäuse mit Endabstützung während der Montage des Einzelachsantriebs *Aufnahme: BBC*

Ansicht auf den Transformator einer E16 *Aufnahme: BBC*

Bei der Leitungsverlegung im Innern der Lok ging man wie schon bei der Ep 2 neue Wege. Es wurde versucht, soweit wie möglich Kabelagen zu vermeiden und statt dessen fest verlegte Kupferschienen zu verwenden. Dazu baute man in den Rahmen einen Zwischenboden ein, der es gestattete, sämtliche Schienen hochkant zu verlegen. Die einzelnen Kupferleisten sind in Abständen von etwa 50 cm in Holz gefaßt und durch eine darübergeschobene Hülse isoliert. Zur Vermeidung von Stromschienenbrüchen wurden die einzelnen Schienen besonders gekröpft. Lediglich für Leitungen kleineren Durchmessers wurden Kabel verwendet, die in einem besonderen Kanal als Baum geführt wurden.

Für die STEUERUNG der ES1 wurde ein Schlittenschaltwerk verwendet. Von den beiden Führerständen wird die Drehbewegung des Schaltrades durch Ketten auf das Schaltwerk übertragen. Entsprechend den Anzapfungen am Trafo können 18 verschiedene Fahrstufen gewählt werden. Der Schlittenschalter ist im Maschinenraum auf dem Apparatebord gegenüber dem Trafo angeordnet. Zur Lichtbogenabschaltung an den Gleitkontakten dienen zwei besondere Funkenziehergruppen, die die eigentliche Schaltarbeit übernehmen. Für jeden Motor ist ein Haupt- und ein Nebenschaltelement vorhanden, von denen je vier zu einer Gruppe vereinigt sind. Zum Funkenschutz dient ein hochklappbarer Funkenschutzkasten, den jedes Schaltelement besitzt. Neu war bei der Ablieferung auch die von BBC entwickelte und zuvor in der Ep 2 erprobte Druckknopf-Schnellausschaltung. Über die Fahrtrichtungswender wurde bereits gesprochen. Auch sie sind auf dem Apparatebord angeschraubt und können, wie die anderen Hilfsaggregate, vom Führerstand aus mit Druckluft betätigt werden. Überhaupt versuchte man damals, alle Bedienungshebel für die elektrische Ausrüstung im Führerstandstisch zu vereinigen. Nach dem Grundsatz "Je weniger elektrisch eine Elektrolok ist, desto mehr entspricht sie der Mentalität des zu ihrer Führung betrauten früheren Dampflokpersonals" sind elektrische Verriegelungen, wie sie heute aus dem Schaltbild einer modernen Ellok nicht mehr wegzudenken sind, weitgehend vermieden worden. Statt dessen wurden im "Blindkontroller" die mechanischen Schalter untereinander nur soweit verriegelt, als es die Sicherung der Steuerung erforderte.

Der einzelne FAHRMOTOR ruht auf dem Lokhauptrahmen, der zur Verstärkung besondere Stahlgußarme erhielt. Die Motorwellenmitte liegt 940 mm senkrecht über der Treibachsmitte - dadurch wurde ein hoher Schwerpunkt erreicht. Die 12poligen kompensierten Einphasen-Reihenschlußmotoren mit Widerstandsverbindungen zwischen Kollektor und Läuferwicklung sowie geshunteten Wendepolen, die in vollständig geschlossenen Gehäusen mit Lagerschilden und Befestigungspratzen untergebracht sind, können nach Lösen von Befestigungsschrauben und Ritzeldeckel einfach herausgehoben werden. Die Klemmenspannung an jedem Motor beträgt bei voller Fahrt 650 Volt. Dies macht eine Parallelschaltung aller Motoren möglich, die für den Einzelachsantrieb wünschenswert ist, da bei einer Serienschaltung im Falle des Schleuderns

TECHNISCHE DATEN

Bezeichnung/Lok		E16 01-10	E16 11-17	E16 18-21
Stromsystem	-	$16^2/_3$Hz,15kV	$16^2/_3$Hz,15kV	$16^2/_3$Hz,15kV
Achsfolge	-	1'Do 1'	1'Do 1'	1' Do 1'
Achsstand	mm	12600	12600	12600
Radstand Drehgest.	mm	2700	2700	2700
Länge ü. Puffer	mm	16300	16300	16300
Dienstgewicht	t	110	110	110,8
Reibungsgewicht	t	78,4	78,4	79,6
Treibachsdruck	t	19,6	19,6	19,9
Laufachsdruck	t	15,8	15,8	15,6
Treibrad-Ø (neu)	mm	1640	1640	1640
Laufrad-Ø (neu)	mm	1000	1000	1000
V/max	km/h	(110)120	(110)120	(110)120
Antriebsbauart	-	Buchli	Buchli	Buchli
Trafo-Bauart	-	Öl	Öl	Öl
Trafo-Leistung	kW	1750	1750	1960
Stundenleistung bei Geschw.	kW km/h	2340 88	2580 84,5	2944 83,5
Dauerleistung bei Geschw.	kW km/h	2020 94,3	2400 88	2655 88
Leistungskennziffer	kW/t	21,2	23,3	26,6
Anfahrzugkraft	kp	14500	20000	20000
Fahrstufen	-	18	18	18
Steuerungsbauart	-	Schlitten	Schlitten	Schlitten
Anzahl Motoren	-	4	4	4
Drehzahl b. V/max	min^{-1}	1050	1050	1050
größte Motorspannung	V	650	650	718
Getriebeübersetzung	-	51:134(1:2,63)	51:134	51:134

einer Achse auch die Zugkraft der anderen Fahrmotoren nachläßt, ja sogar bis auf den Reibungswert des schleudernden Radsatzes heruntergehen kann und die Spannung am Motor unzulässige Werte erreicht. Eine Parallelschaltung verhindert so Kraftverlust und macht eine sog. Schleuderschutzbremse fast überflüssig. Die Motorlager werden durch Öleinflüsse geschmiert; auch der Kollektor kann durch Klappen kontrolliert werden. Vier große Lüfter mit Stahlgußrädern dienen der Belüftung der Motoren und der Kühlung des Transformators. Je zwei werden mittels eines 25 PS-Motors betrieben. Der erzeugte Luftstrom entweicht zum Teil durch die Motoren nach unten, zum anderen Teil mit Hilfe besonderer Kanäle in die Kühlschlangen des Trafos. Jeder Motor wird mit 120 m^3 Luft in der Minute versorgt, wodurch die Erwärmung der Fahrmotoren in Grenzen gehalten werden konnte.

4) Hilfseinrichtungen

Im Lokinnern sind die verschiedenen Hilfsmaschinen untergebracht. Von den vier Motorlüftern werden je zwei durch einen 18 kW-Einphasen-Kommutator-Motor angetrieben, der mit dem der E32 identisch ist. Von einem der Lüfteraggregate wird auch noch die Ölpumpe, vom anderen der Gleichstromgenerator betrieben. Alle Apparate wurden auf der Nichtantriebsseite eingebaut, um einen gewissen Massenausgleich zu schaffen; außerdem wollte man sie von außen leicht durch Klappen zugänglich machen. Als Luftpumpe dient die der Bauart KNORR VV 221, angetrieben durch einen 20 PS-Kleinmotor. Das ange saugte Luftvolumen beträgt 90 m^3 bei einem Gegendruck von 8 at. Alle drei Hilfsaggregate werden durch Luftdruckschütze vom Führerstand aus gesteuert.

Bei Indienststellung der Lokomotiven war als Sicherheitseinrichtung nur der wegabhängige "Sicherheitsapparat" von BBC eingebaut. Erst zu Beginn der 50er Jahre kam es zum Einbau der weg-zeit-abhängigen SIFA, wie sie noch heute verwendet wird. Ab 1958 erfolgte der Einbau der induktiven Zugbeeinflussungsanlage I 54. Die Grundausrüstung für den Zugbahnfunk (ZBF) wurde nur in die E1618 versuchsweise eingebaut, kam jedoch nicht im Planbetrieb zum Einsatz, da zum Zeitpunkt der serienmäßigen Ausrüstung aller DB-Loks mit der ZBF-Anlage (ab Mitte 1973) bereits feststand, daß die E16 das Jahr 1978 im Plandienst nicht überleben würde und die Kosten für den Einbau zu hoch gewesen wären. Die 116018 behielt allerdings bis zm Schluß ihre ZBF-Antenne vor dem Stromabnehmer Seite 1.

21

Der Führerstand der E16. Deutlich erkennbar sind die Veränderungen, die im Laufe der Zeit vorgenommen worden sind (Scheibenwischer, Ölschalterkontrolle, Druckluftbesandung u.a.) Fotos: oben BBC unten: DB,Sammlung Braun

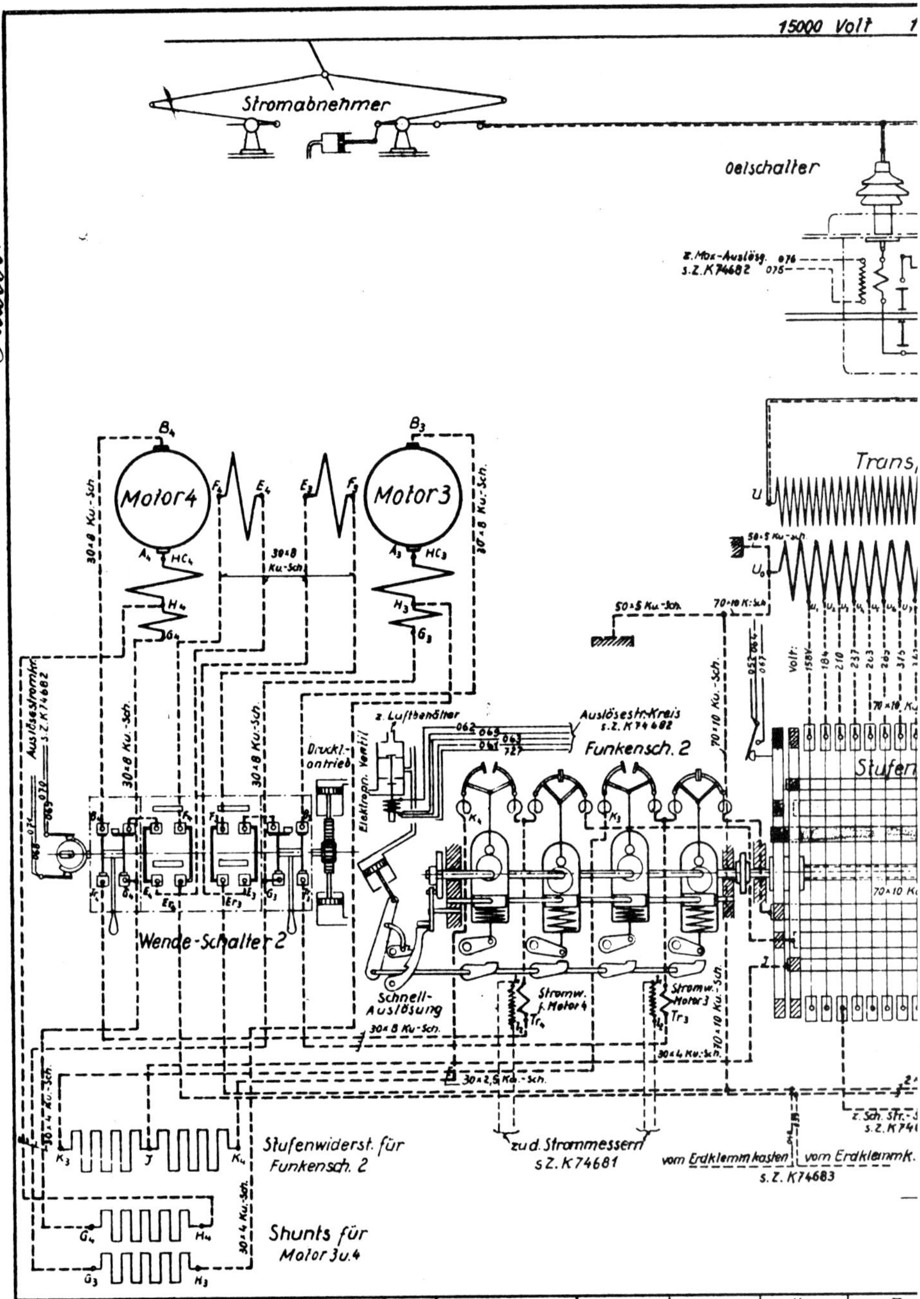

Schaltplan f. Hochspgs.-leitung und Fahrmotoren.

1 A 41
ESL 4/6
Betr.-Nº
21001-21010

Maßstab: ×

Gezeichnet: 13. XII.
Geprüft:
Gesehen:

BBC MANNHEIM

L
(Bahnen)

K 74680

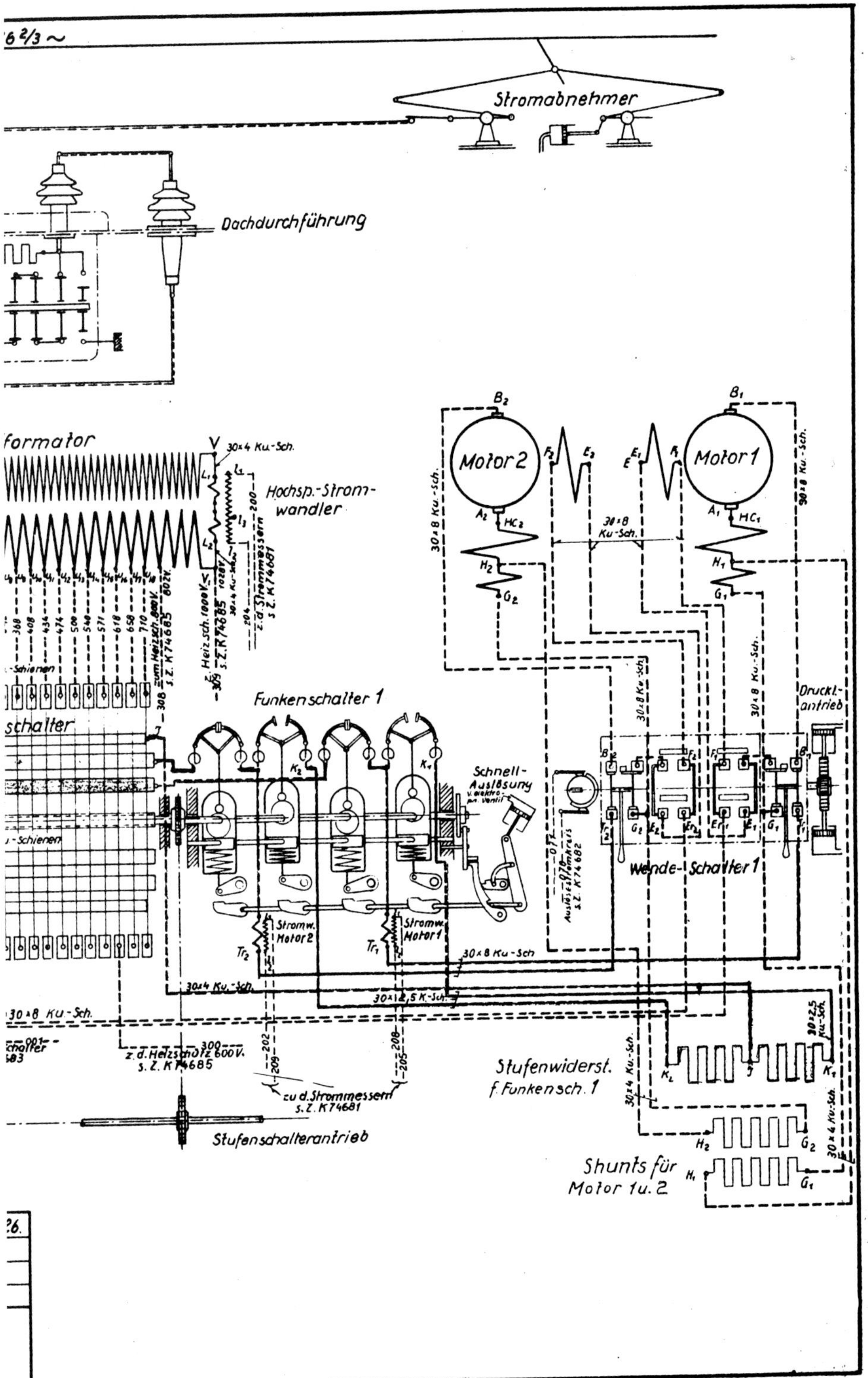

Stromabnehmer
Dachdurchführung
formator
Hochsp.-Stromwandler
30×4 Ku-Sch.
Motor 2
Motor 1
30×8 Ku-Sch.
Funkenschalter 1
schalter
Schnell-Auslösung
Stromw. Motor 2
Stromw. Motor 1
30×8 Ku-Sch
30×4 Ku.-Sch.
30×12,5 K.-Sch.
30×8 Ku.-Sch.
Druckl.-antrieb
Wende-Schalter 1
z.d. Heizschütz 600V. s.Z. K74685
zu d. Strommessern s.Z. K74681
Stufenwiderst. f. Funkensch. 1
Stufenschalterantrieb
Shunts für Motor 1 u. 2

5) Bauartänderungen bei der 2. und 3. Lieferung (E 16 11-17 und 18-21)

Als im Jahre 1927 weitere sieben Lokomotiven (E 16 11-17) bestellt worden waren, stand bei der Auftragsvergabe schon fest, daß einige Veränderungen im elektrischen Teil vorgenommen werden mußten. So sollten bei den Motoren die Wicklungen im Ständer verbessert werden. Die Lieferfirma BBC gewährleistete eine Erhöhung der Leistung um 10%, weil durch Wegfall der kleinen Hilfswendepolspule, die sich als überflüssig erwiesen hatte, eine bessere Wicklungsanordnung und die Verwendung größerer Querschnitte ermöglicht wurde. Ferner wurde bei dieser Gelegenheit der Läufer geändert, wodurch der Kupferquerschnitt um fast 10% erhöht werden konte. Während bei den Motoren der ersten Lieferung je Nut vier Stäbe in zwei Lagen zu je zwei vorhanden waren, ging man jetzt dazu über, sechs Stäbe je Nut in zwei Lagen zu drei zu verwenden. Durch diese Maßnahme wurde die Leistung des Ankers etwas gesteigert, wobei man aber mit weniger Ankerzähnen auskam und daher der ganze Blechkörper noch robuster und weniger schadanfällig wurde. Der übrige elektrische Teil sowie der mechanische Teil blieben im Vergleich zur ersten Bauserie (E 16 01-10) unverändert. Die Prüfung der Motoren nach Anlieferung der ersten Maschinen ergab die angenehme Feststellung, daß die Motorleistung nicht wie vorgesehen um 10%, sondern sogar um 30% gestiegen war. Durch diese unerwartete Leistungserhöhung der Motoren war jedoch der Transformator etwas zu knapp geworden. Bei Meßfahrten ergab sich, daß bei Entnahme der vollen Motorleistung der Trafo nicht etwa unzulässig erwärmt wurde, sondern daß sein Spannungsabfall infolge der sehr großen Ströme überproportional anstieg. Man erkannte also, daß bei einer neuen Lieferung der Transformator verstärkt werden mußte.

Dieser Fall trat im Jahre 1930 ein, als die DRG erneut erst zwei, dann nochmals zwei E 16-Lokomotiven bestellte. Ursprünglich sollte nun lediglich der Trafo gegenüber der zweiten Bauserie verbessert werden. Schon bald erkannte man aber, daß der neue Trafo ganz andere Maße als der alte haben würde und somit auch alle Anschlüsse und seine Befestigung am Rahmen geändert werden müßten. Man nutzte die Gelegenheit und bildete die neue Lokomotive konstruktiv völlig neu durch.

Um eine möglichst einfache Schienenverlegung zu erhalten, wurden die zum Motor gehörigen Bauteile unmittelbar auf ihm aufgebaut; damit erhielt man je Motor nur eine Zuleitungs- und eine Abgangsschiene. Vorher waren mehrere Schienen zum Apparategerüst nötig.

Für den Nebenschlußwiderstand (Shunt) wurde nun eine Konstruktion gewählt, bei der hochkantgewickelte Flachbandspiralen zur Verwendung kamen, die auf Steatitstücke aufgereiht waren.

Weiterhin wurden Änderungen an den Wendeschaltern vorgenommen. Waren bei den E 16 01-17 noch zwei Richtungswender vorhanden, von denen jeder ei-

Blick auf die Antriebsgruppe einer E16[1]; oben ohne Großrad, unten mit Großrad und Zahnradschutzkasten *Aufnahme: Sammlung Gerd Müller*

nen Druckluftantrieb besaß und zwei Motoren steuerte, so waren es bei den E 1618-21 vier; jeder Motor hatte nun also seinen eigenen Richtungswender.

Wie bereits erwähnt, wurde auch der Trafo verstärkt; er erhielt eine berechnete Dauerleistung von 1960 kVA. Messungen im Betrieb ergaben aber wesentlich höhere tatsächliche Leistungen. Der neue Trafo wurde als zweischenkliger Öltransformator ausgeführt, dessen Schenkel Scheibenspulen besitzen. Dabei wurde erreicht, daß sich der Spannungsabfall bei sehr hohen Strömen in zulässigen Grenzen hielt.

Bei den Motoren erreichte man durch einen erhöhten Kupferanteil in den Kompensationswicklungen eine Steigerung der Dauerleistung um etwa 5%. Dabei mußten am Anker oder an den Wicklungsstellen keine Änderungen vorgenommen werden.

Völlig neu konstruiert wurden die Bürstenhalter. Nach einer Idee von Reichsbahnrat Dr. Ing. Berchtenbreiter unterteilte man die Zahl der Kohlen wesentlich stärker als normal, faßte aber dabei alle Kohlen gefedert unter einem gemeinsamen Druckbalken zusammen. Dadurch konnte eine gleichmäßige Kohlenabnützung erzielt werden. Zwischen dem eigentlichen Druckbalken aus Bronze und den Kohlen wurde zur Federung noch ein zusätzlicher Gummibalken eingebracht. Anfangs hatte man zwar Bedenken, Gummi zu verwenden; es zeigte sich aber bald, daß an diesen Stellen keinerlei Erwärmungen auftraten, die etwa den Gummibalken hätten anschmelzen können.

Bei der elektrischen Ausrüstung wurde auf Vorschlag der Reichsbahn schließlich auf einen Oberspannungs-Voltmesser verzichtet, der bisher an der 200 Volt-Klemme des Trafos angeschlossen war. Statt dessen baute man einen besonderen, von einem Oberspannungswandler gespeisten Spannungsmesser ein. Dies hatte den Vorteil, daß nun auch bei ausgeschaltetem Ölschalter eine Messung der Fahrdrahtspannung möglich war. Um erkennen zu können, ob der Hauptschalter ein- oder ausgeschaltet ist, wurde im Führerraum ein besonderes Schauzeichen angebracht, das von der 200 Volt-Klemme des Trafos gespeist wird.

Schließlich wurde noch die Lüfterschaltung so geändert, daß auf Bahnhöfen oder im Winterbetrieb die Lüftergruppe mit verminderter Drehzahl betrieben werden konnte.

Auffälligstes Unterscheidungsmerkmal bei der Anlieferung waren aber die charakteristischen, auf der Antriebsseite durchlaufenden Stahlgußrahmen. Bei den E 1601-17 waren die Triebzahnräder von Stahlgußgehäusen umgeben, die gleichzeitig als Lagerung für den Wellenzapfen dienten. Obwohl diese Konstruktion keinerlei Nachteile gezeigt hatte, versuchte man hier Verbesserungen vorzunehmen. Der Stahlgußrahmen nahm nun die Wellenzapfen auf; geringeres Gewicht der Zahnradkästen und ein besserer optischer Eindruck waren die Folge. Die Zahnräder wurden nun durch besondere Zahnradschutzkästen abgedichtet, die erst aus Blech und dann aus Silumin hergestellt wurden.

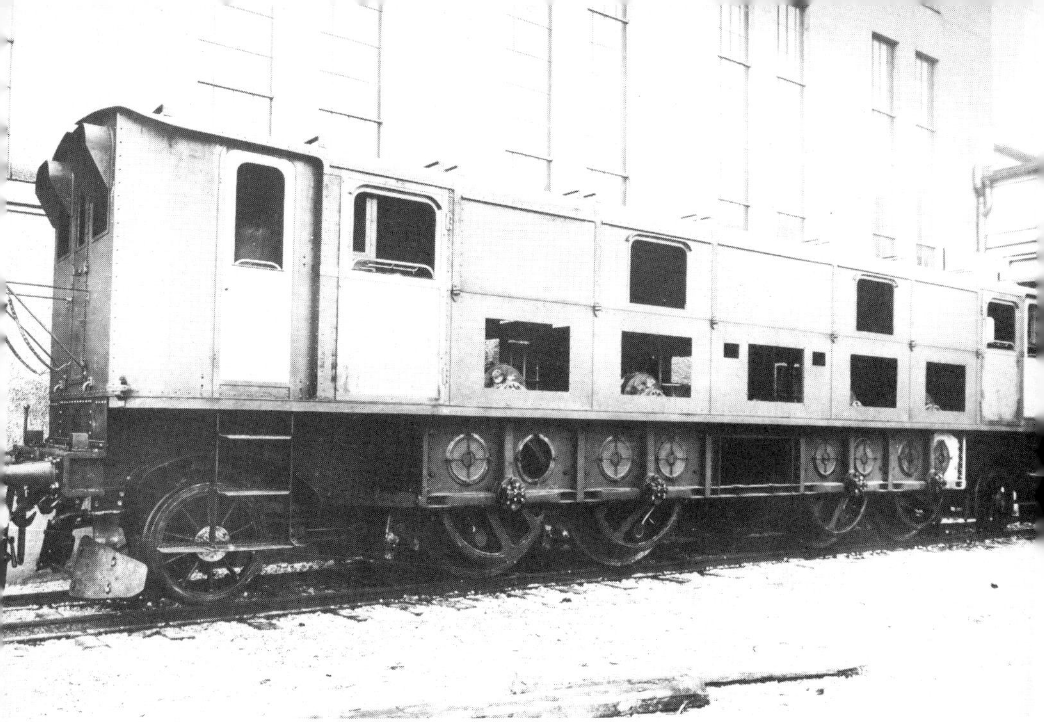

Fertiggestellter Wagenteil der Lok vor Bereitstellung zur elektr. Montage; Werk Allach — *Aufnahme: BBC*

E16 18 kurz vor Fertigstellung im Werk von Krauss-Maffei, Allach Januar 1932 — *Aufnahme: Sammlung Gerd Müller*

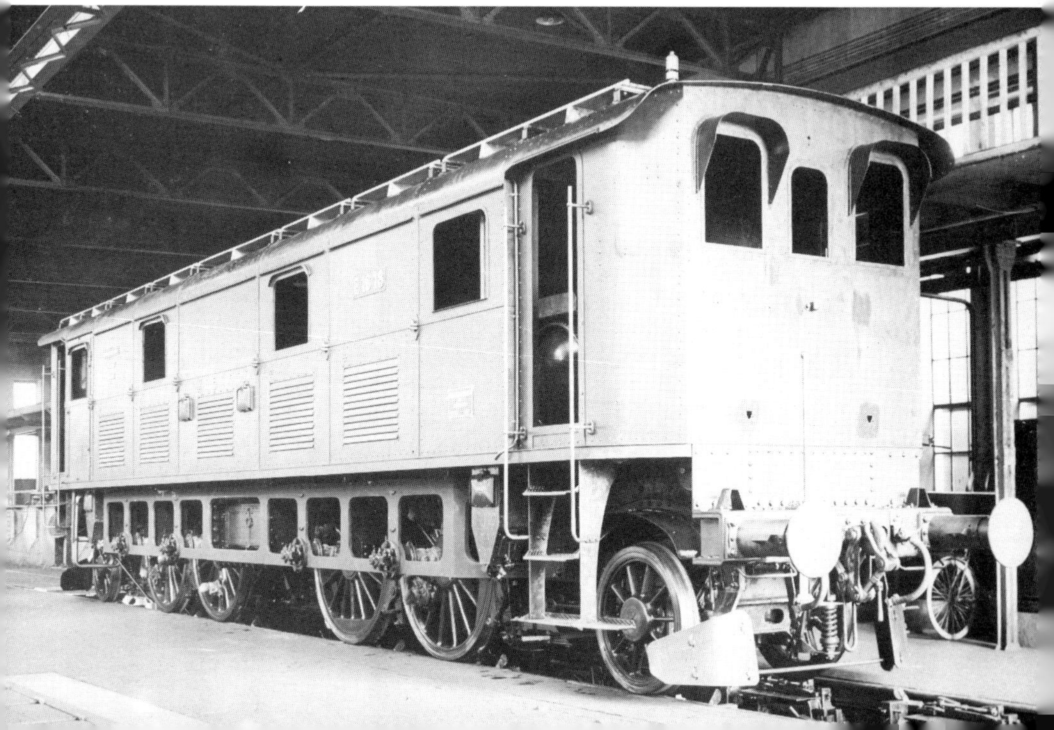

6) Vorübergehende oder endgültige Bauartänderungen

Im wesentlichen wurden bis zur Generalüberholung um 1950 keine bautechnischen Änderungen vorgenommen. Zu diesem Zeitpunkt zeigte es sich aber, daß die Maschinen ziemlich abgewirtschaftet waren, was unter anderem auf die mangelhafte Pflege während des Krieges zurückzuführen war. So entschloß man sich, 19 der 21 Lokomotiven von Grund auf zu überholen und dabei im mechanischen Teil einander anzugleichen. Zwei Loks, die E 16 11 und 13, hatten so schwere Kriegsschäden davongetragen, daß eine Reparatur nicht mehr vertretbar erschien; beide Loks dienten noch als Ersatzteilspender. Abgesehen von den normalen Arbeiten einer E4-Hauptuntersuchung kam es zu folgenden Umbauten oder Erneuerungen:

A) Mechanischer Teil

1) E 16 18-21 und auch einige Maschinen der ersten beiden Lieferungen erhielten neue Zahnradschutzkästen (z.T. gegossen, teilweise geschweißt). Bei den E 16 18-21 entfiel der charakteristische Stahlrahmen.
2) Verbesserung der Abdichtung der Getriebeschutzkästen mit Gummilippen und Einbau von Abdichtungsmanschetten am Buchlizapfen (gegen Ölverlust).
3) Verlegung des Batteriekastens von der Antriebsseite Mitte in den Maschinenraum.
4) Einbau genormter Sandkästen (Verlegung aus dem Maschinenraum an die Rahmenseite); ferner Ersatz der alten Schwerkraftsander durch eine Druckluft-Sandeinrichtung.
5) Einbau von Abdeckblechen an den Fahrmotoren und dem Trafo, um das Eindringen von Schnee zu verhindern.
6) Die gesamte Schmierung wurde überarbeitet bzw. erneuert; zusätzlich wurde eine Laufachsbundschmierung eingebaut.
7) Entfernung bzw. Abdichtung der Stirnwandtüren (nur E 16 01-17).
8) Einbau von 4 Ölkühlertaschen als zusätzliche Trafoölkühler am unteteren Wagenkastenbord mit Verbindungsrohren zum Trafo.
9) Umbau der Ritzel-Schmierpumpen auf Mehrleistung.
10) Teilweise Erneuerung der Großräder und Fahrmotorritzel (Lieferfirma: Renk, Augsburg) aus Stg. 50, 81 R bzw. Silizium-Mangan-Stahl.
Bei den Motorritzeln kam es auch zur Verwendung von VCN 25W-Stahl oder ECN 25 (gehärtet und geschliffen).
11) Einbau von Laufachsbremsen (einseitige Abbremsung) mit zugehöriger Druckluftausrüstung, soweit dies nicht schon vorher erfolgte.

B) Elektrischer Teil

1) Einbau von Ölkontrollkästen.
2) Änderung der Abdichtung der Wellenstopfbüchse bei der Trafoölpumpe durch Einbau eines Rollenlagers mit Simrit.
3) Austausch der Heizschienen gegen Heizkabel.
4) Einbau einer Gleichrichteranlage, bestehend aus Transformator und Trockengleichrichter mit Lichtschalttafel.
5) Einbau eines kompensierten Erdstromwandlers.
6) Änderung der Anschlüsse der Bordbatterieanlage durch Verlegung des Batteriekastens an den Apparatebord.
7) Einbau eines dritten Heizschützes.
8) Verlegung von Steuerstrom-Hauptkabel und sämtlichen Bleikabeln in den Führerständen und im Maschinenraum sowie der Zuleitungen für den Oberspannungs-Voltmeter in Rohren.
9) Änderung des Sifaleitungskreises.
10) Einbau einer Rückziehvorrichtung für den Ölschalter.
11) Änderung der Lüfterschaltung.
12) Einbau einer Verriegelungsmechanik der Richtungswender.

Weitere Umbauten erfolgten bis 1960. So wurden im Rahmen der Sonderarbeit 3,49/II Lichtsteckdosen für Pwg angebracht. Die Sonderarbeit 3,74/I umfaßte den Einbau der INDUSI, der ab 1958 vorgenommen wurde. Nach und nach erhielten die E16 auch wieder ihre Lokschilder aus Messing, die ihnen während des Krieges zur Rohstoffgewinnung abgenommen worden waren.

Interessant ist schließlich noch eine Episode in der Versuchsgeschichte der E16. Nach ihren E4-Untersuchungen 1951 bzw. 1952 wurden in die E16 18 und 19 auf Anregung des Bw Freilassing Nachlaufsteuerungen eingebaut, die ein vereinfachtes, servomotorisch betätigtes Auf- und Abschalten ermöglichen sollten. Nachdem die Maschinen jedoch nach Garmisch umbeheimatet wurden, zeigte man im dortigen Bahnbetriebswerk kein Interesse mehr an einer technischen Weiterentwicklung. So wurde dieser interessante Versuch durch Ausbau der Steueranlagen im Frühjahr 1955 abrupt beendet, bevor noch endgültige Schlüsse aus dem Betriebsverhalten gezogen werden konnten.

7) Meßfahrten und Betriebserfahrungen

Über die ersten Meßprogramme erschien im März 1927 ein Bericht in der Fach zeitschrift "Elektrische Bahnen", den wir hier in Auszügen wiedergeben wollen.

"Am 28. November 1926 wurden seitens der Deutschen Reichsbahn zwischen Leipzig und Zerbst amtliche Vergleichsfahrten zwischen einer der BBC-1'Do 1'-Lokomotiven und einer 2'Do 1'-Lokomotive von der AEG (die spätere E21. Red.) angestellt. Die BROWN-BOWERI-Lokomotive wurde mit 650 t Anhängegewicht belastet und hatte damit ein Gesamtgewicht von 764 t zu bewältigen. Als "spezifisches Zuggewicht" ergab sich, bezogen auf die vertragliche Nenn-Dauerleistung, demnach eine Belastung von 0,382 t/PS.

Die 1'Do 1'-Lokomotive vermochte trotz dieses hohen spezifischen Zuggewichts anstandslos die vorgeschriebenen Fahrzeiten einzuhalten bzw. zu unterschreiten, ohne daß, trotz der im Schnellzug-Fahrplan nicht vorgesehenen, aus Betriebsgründen notwendig gewordenen zahlreichen Zwischenhalte und Bremsungen, nennenswerte Erwärmungen auftraten. Aus den amtlichen Messungen sei nachstehend eine Zusammenstellung der Hauptdaten für die Schnellzugfahrt Zerbst-Leipzig wiedergegeben:

Entfernung	:	76,65 km
Fahrzeit	:	76min 50 sec
Durchschnittl. Geschwindigkeit	:	59,8 km/h
Höchste Geschwindigkeit	:	114 km/h
Anzahl der Anfahrten	:	8
Bremsungen	:	8
Zwischenhalte	:	6
Zuggewicht	:	764 t
Bruttotonnenkilometer	:	58600
Weg unter Strom	:	60,48 km
Zeit unter Strom	:	53 min 9 sec
Wirkungsgrad des Transformators	:	96,8 %
Spez. Arbeitsverbrauch pro km	:	27,3 Wh/tkm
Geleistete Arbeit am Zughaken	:	1015 kWh
Zugförderungswirkungsgrad	:	0,634

Bemerkenswert bei den Ergebnissen für die Gesamtstrecke ist, trotz der zahlreichen Zwischenaufenthalte und Bremsungen, der geringe Wattstundenverbrauch/tkm sowie die geringen Verluste im Transformator.

Am 10. Februar 1927 schließlich wurde eine Meßfahrt mit einem Zug von 701,5 t zwischen München und Landshut vorgenommen. Die Anfahrt aus einer Kurve bei Landshut mit einer nachfolgenden Beschleunigung des 700t-Zuges auf einer Steigung auf 110 km/h ist im folgenden dargestellt:

Anhängelast (17 4achsige D-Zug-Wagen + ein 6achsiger Meßwagen)	:	701,5 t
Lokgewicht	:	110,0 t
Mittlere Steigung	:	0,2%
Erreichte Höchstleistung	:	4000 PS
Erreichte Höchstgeschwindigkeit	:	118 km/h
Erwärmung am Kollektor	:	39° C
Erwärmung des Trafoöls	:	42° C
Verkürzung der normalen D-Zug-Fahrzeit	:	18,5%

Um die Überlastbarkeit der Motoren festzustellen, wurden gelegentlich einer anderen Probefahrt zwischen Landshut und München bei einem Zug von 600 t

Gewicht ab Freising zwei Motoren abgeschaltet und der Zug angefahren, in der Steigung von 2 Promille auf eine Geschwindigkeit von 80 km/h gebracht und etwa $^1/_4$ Stunde auf dieser gehalten. Jeder der zwei Motoren leistete hierbei durchschnittlich 1050 PS, was einer Gesamtleistung der Lokomotive von 4200 PS entspräche. Hierbei trat keinerlei Schleudern der Lokomotive auf, auch die Erwärmung der Motoren erreichte keine unzulässigen Werte."

Zusammenfassend läßt sich über die ES 1 bzw. E 16 feststellen, daß sie alle in sie gesetzten Erwartungen erfüllte, größtenteils sogar übertraf. Sie war in der Lage, sämtliche Zugleistungen im gebirgigen Gelände zu übernehmen. Auch die Instandhaltung mit der damit verbundenen Ersatzteilhaltung war durch die vielfache Bauteilgleichheit mit anderen Lokomotiven rationell zu gestalten. Bei der dritten Nachbauserie, den E 16 18 - E 16 21, traten zwar besonders während der Kriegsjahre Engpässe auf, da ihre elektrische Ausrüstung verstärkt worden war und somit geringfügig von den anderen Maschinen abwich. Bei der E 16 20 beispielsweise wurden schon bald Fahrmotoren der Serie 35000 mit 700 PS mit denen der Serie 7700 mit 500 PS gemischt verwendet. Die Fahrmotoren der 35000er Serie kamen übrigens auch bei den E 63 05-07 (geliefert von BBC!) zum Einbau und wurden mit denen der E 16 18-21 gelegentlich getauscht.

Gegen Anfang der 70er Jahre machten sich jedoch die Ausmusterungen der artverwandten Baureihen E 32 und E 52 bemerkbar; auch wurde das Alter der ersten Lokomotiven spürbar, waren sie doch alle schon über 40 Jahre alt. So entschied sich die Deutsche Bundesbahn im Jahre 1973, nur noch der 116 009 eine Hauptuntersuchung zu bewilligen; von diesem Zeitpunkt ab war die Baureihe E 16 nicht mehr im Unterhaltungsbestand der DB zu finden.

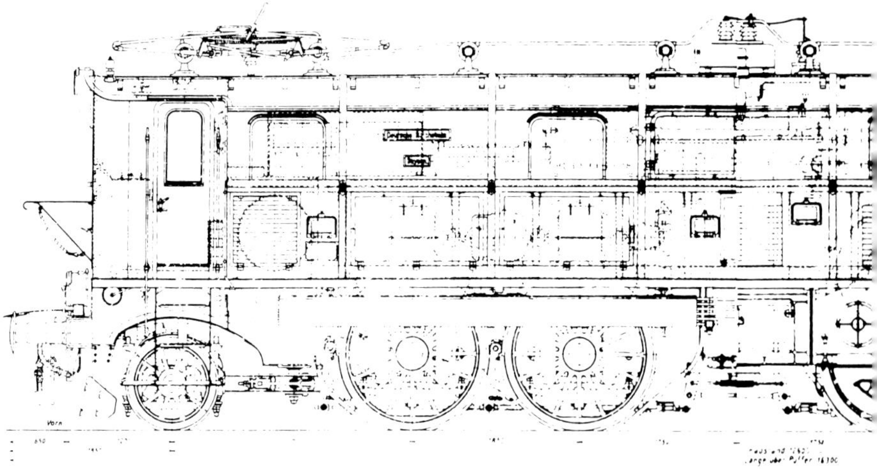

Ansicht A
Spiegelbild

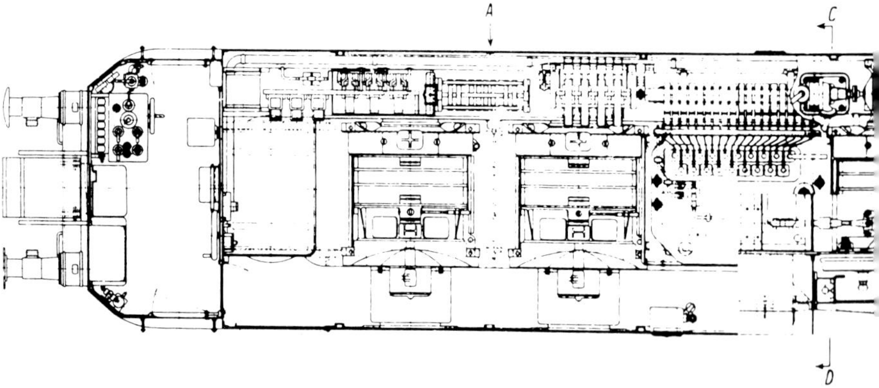

Abb. 3 Elektrische Schnellzuglokomotive Bauart I Do I der Deuts

Photolith v Bogdan Gisevius Berlin W

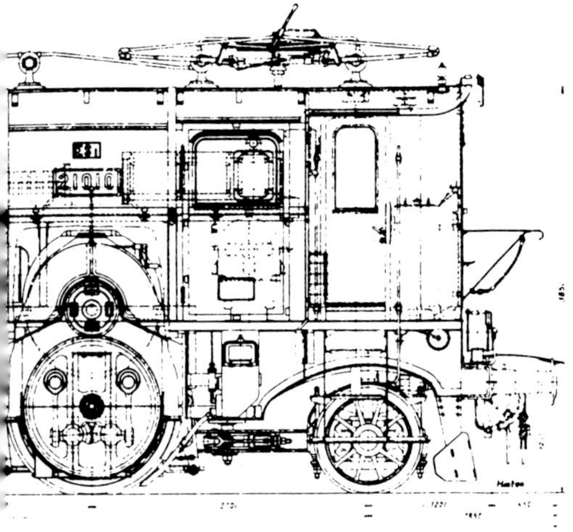

ht B

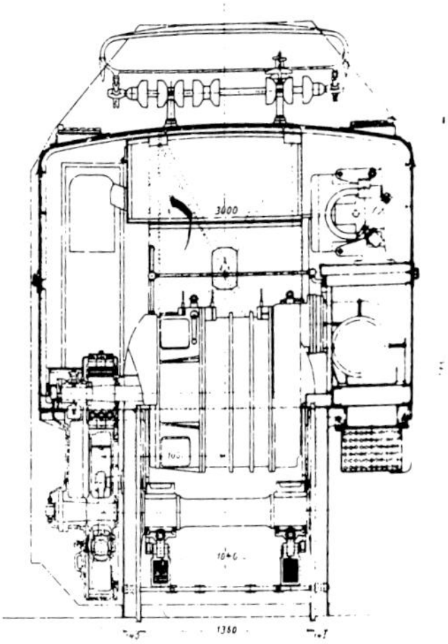

Schnitt A-B

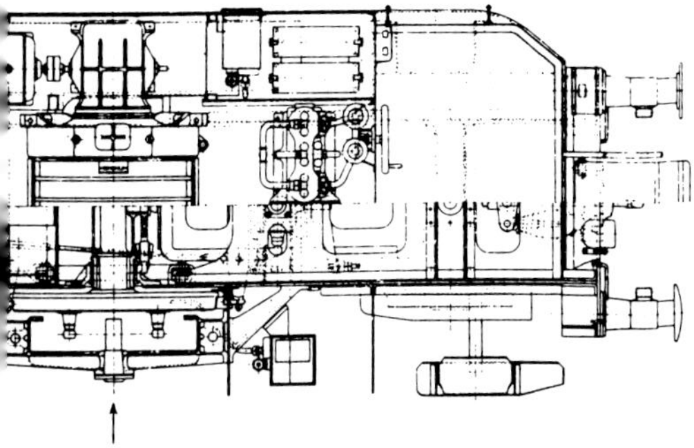

B

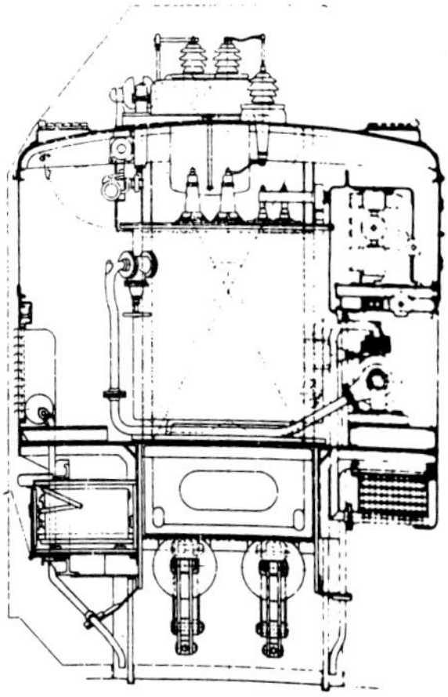

Schnitt C-D

hn, Stundenleistung 2400 PS, Höchstgeschwindigkeit 110 km/h

1
2

III. Einsatz

Als 1923 die Strecken von München nach Garmisch und Regensburg "elektrisiert" waren, verfügte die Gruppenverwaltung Bayern der DRG über keine elektrische Schnellzuglokomotive, und so mußten die Schnell- und Personenzüge auch auf diesen beiden Strecken noch überwiegend mit Dampflokomotiven bespannt werden. Um solch einem unwirtschaftlichen Verfahren ein Ende zu bereiten, entschloß sich die Gruppenverwaltung Bayern am 24.3.23, bei BBC und KRAUSS eine Schnellzuglok in Auftrag zu geben. Der Vertrag umfaßte zunächst fünf Maschinen, die die Bezeichnung ES1 tragen sollten. Da man sich der Notwendigkeit einer solchen Lok voll bewußt war, wurde, noch vor Fertigstellung der ersten Maschine, am 20.6.24 eine weitere Bauserie über 5 ES1 bei den selben Firmen von der Gruppenverwaltung bestellt. Zu diesem Zeitpunkt tauchte auch erstmals die bis in unsere Tage gebräuchliche Bezeichnung "E16" auf, die für 1'Do1'-Lokomotiven nach dem neuen Nummernplan vorgesehen war. Allerdings wurden die ersten 6 Maschinen noch mit der bayerischen Beschriftung ES1 21001-006 ausgeliefert.

Am 27.5.26 verließ schließlich die erste ES1, die 21002, das Werk und wurde einem ausführlichen Testprogramm unterzogen.
Die 21001 folgte erst ein halbes Jahr später, nachdem auch bereits die 21003 ausgeliefert war. Die Abnahme der drei Maschinen zögerte sich aufgrund diverser Mängel und Versuchseinrichtungen noch hinaus, und so warteten diese Maschinen bis zu 14 Monate auf die endgültige Abnahmefahrt. Am 8.3.27 wurde schließlich die 21001 nach bestandener Probefahrt nach Landshut abgenommen, und ihr folgten in den nächsten Monaten ihre Schwesterlokomotiven nach. In der Zeit vom 13.10.28 bis 5.7.29 wurde die zweite Bauserie der E16 ausgeliefert und ohne größere Probleme in den Bestand der DR eingereiht. Als 1928 auch die Strecke von München nach Salzburg durchgehend elektrifiziert war, setzte man auch hier die E16 verstärkt ein.

Die fortschreitende Elektrifizierung und die guten Betriebserfahrungen veranlaßten die DR, am 10.10.30 nochmals vier E16, die E16.18-21, zu bestellen. Man forderte allerdings, daß in diese letzte Bauserie stärkere Fahrmotoren eingebaut werden sollten.

Bis zum 20.5.33 waren alle E16 geliefert und sie fuhren die Schnellzüge von München nach Salzburg/Kufstein und Garmisch. Nach Regensburg wurden nur noch vereinzelt Leistungen erbracht, denn hier herrschten seit 1929 die E17 vor, die in München und Regensburg stationiert waren. In dieser Zeit erhielt auch das Bw Freilassing seine ersten E16, wo sie bis zu ihrer Ausmusterung zum festen Bestand gehörten.

Aus einigen Quellen des Bw Rosenheim geht hervor, daß die E16, 11, 12 und 16 in der ersten Jahreshälfte 1930 für einige Monate an die RBD Breslau für Versuchs- und Meßfahrten verliehen waren.

Da die Aufzeichnungen der Betriebsbücher und der Direktionen aus der Zeit um 1930 nur noch sehr lückenhaft existieren, läßt sich das erste Bild der E16 im Einsatz erst für das Jahr 1935 rekonstruieren. Die 21 Maschinen waren im Mai 1935 wie folgt auf vier Bahnbetriebswerke verteilt: Bw München Hbf. 9 Maschinen, Garmisch 3, Rosenheim und Freilassing zusammen 9. Die Münchner E16 fuhren in einem Mischplan mit der E17 fast ausschließlich Schnellzugleistungen auf den von München ausgehenden Hauptbahnen und erreichten jährliche Laufleistungen von 125000 bis 150000 km, täglich bis zu 700 km. Die Freilassinger und Rosenheimer E16 bedienten nur die Strecke München-Kufstein/Salzburg, wodurch der Umlaufplan etwas dünner ausfiel und die jährlichen Laufleistungen nur bei etwa 120000 km lagen. Die drei Garmischer E16, deren Einsatzvielfalt noch geringer war, ereichten nur vereinzelt die 100000 km-Marke.

Anfang Januar 1940 hatte E1611 einen schweren Auffahrunfall, bei dem neben einer starken Beschädigung der Pufferbohle und des Führerstandes auch der Rahmen in Mitleidenschaft gezogen wurde. Über den genauen Unfallhergang fehlen die Unterlagen. Ab 10.2.40 stand sie jedenfalls dem Bw Garmisch wieder zur Verfügung.

Im April 1940 gab das Bw München Hbf. seine "starken" E16 (18, 20 und 21) an die Bahnbetriebswerke Rosenheim, Freilassing und Garmisch ab. E1619 kam bereits im Herbst 1938 nach Garmisch. Grund hierfür war die Stationierung der E18 in München, die die hochwertigen Leistungen von München nach Stuttgart und Nürnberg übernahm.

Eine Besonderheit in der Stationierung ergab sich in diesem Jahr, als die drei E1608, 12 und 16 für ein gutes halbes Jahr nach Treuchtlingen umbeheimatet wurden. Was die DRG zu diesem Schritt bewog, ist nicht bekannt. In Treuchtlingen bot sich nur die Strecke Augsburg-Nürnberg, die 1935 elektrifiziert worden war, an, und diese wurde von Anfang an von den neuen E17 und E18 beherrscht. So wurden die Elloks bald wieder nach Rosenheim, Freilassing und Garmisch zurückgeschickt, wo man eine effektvollere Verwendung für sie hatte. Der E16 blieben somit nur noch die Strecken im Alpenvorland, auf denen sie aber weiterhin das Bild beherrschte. Im Jahre 1941 verließen schließlich E1609 und 10 München Richtung Freilassing, so daß von den ursprünglich 10 Münchner E16 nur noch vier die Kriegsjahre in München überdauerten.

Die E16 kam in den Kriegsjahren über Kufstein hinaus bis Wörgl und Innsbruck. Die Strecke von Garmisch über Mittenwald nach Innsbruck blieb ihr allerdings verschlossen, denn der hohe Achsdruck und die großen Treibräder eigneten sich für diese Gebirgsbahn nicht. In den Anfangsjahren fuhr die E16 zwar noch bis Mittenwald wie man aus einigen Fotodokumenten ersehen kann, doch später wurde bereits in Garmisch auf die österreichischen 1145 umgespannt, die die von der E16 aus München gebrachten Züge weiterbeförderten. Auch die E17 kam in dieser Zeit mit dem "Weiß-Blauen-Schnellzug" nach Garmisch.

Bevor der kriegsbedingte Zusammenbruch der Fahrleistungen kam, eröffnete sich der E16 noch einmal ein neues Betätigungsfeld. Ab 1942 zeichnete sich durch die verstärkte Rüstung und die Kriegshandlungen ein großer Bedarf an Güterzugleistungen ab, der durch leistungsfähige Lokomotiven abgedeckt werden mußte. Auf Kosten von Schnellzügen wurde die E16 besonders für sog. Verschubzüge verwendet, die etwa unseren heutigen Nahgüterzügen entsprechen. Den schweren Schnell- und Eilgüterzugdienst beherrschten schon die neuen E94.

Obwohl der Alpenvorraum von den Kriegseinwirkungen gegenüber anderen Gebieten in Deutschland relativ verschont blieb, wurden einige E16 durch Fliegerangriffe schwer beschädigt. Am 20.9.44 wurde die E1617 des Bw München I nach einem Luftangriff z-gestelt und am 30.11.44 folgte ihr die E1618 des Bw Freilassing. E1618 war allerdings zu Kriegsende nach der Aufarbeitung im AW München-Freimann wieder betriebsfähig. E1605 wurde erstmals Anfang August 1944 durch Fliegerbeschuß beschädigt, konnte nach der Ausbesserung in Freimann aber wieder ab 21.8.44 in Dienst gesetzt werden, wurde aber Ende November 1944 erneut Ziel eines Luftangriffes. Ab 19.12.44 war sie beim Bw Rosenheim wieder im Einsatz und dürfte dann bei Kriegsende betriebsfähig abgestellt gewesen sein. Die schwer beschädigte E1613 (Ort und Datum unbekant) wurde als erste E16 bereits am 10.11.44 ausgemustert.

Zusammen mit anderen Lokomotiven wurde am 8.1.45 die E1611 auf dem Bahnhof München-Süd eingeschlossen. Auf unbekannte Weise wurde die E1611 bei dieser Aktion so stark an der Pufferbohle durch einen Aufstoß beschädigt, daß sie ins AW München-Freimann überstellt werden mußte. Sie stand schließlich ab 15.2.45 wieder zur Verfügung und leistete im Februar und März 5347 km, bis sie durch einen Bombentreffer so schwer beschädigt wurde, daß auch nach dem Krieg eine Aufarbeitung nicht mehr lohnend war. Sie stand zu Kriegsende im Bw Freilassing abgestellt und wurde am 21.12.45 ausgemustert. Sie diente zusammen mit E1613 später als Ersatzteilspender bei der Instandsetzung und Modernisierung ihrer Schwestern.

Im April 1945 brannte die E1619 nach einem Tieffliegerangriff in Attnang völlig aus und wurde erst 1951 von Krauß-Maffei wieder aufgearbeitet. Dem Lokführer wurde damals der Vorwurf gemacht, er hätte sich nicht genügend eingesetzt, um die Lok zu löschen und ihm wurde aus diesem Grund der Verlust der Maschine zugeschrieben. Ebenfalls hatten E1610 und 14 Kriegsschäden erlitten.

Da in den letzten Kriegsjahren sowohl das RAW München-Freimann als auch die Hauptwerkstätte in München sehr stark durch Ausbesserungen von Lokomotiven beansprucht waren und auch durch Luftangriffe schwer beschädigt wurden, schickte man u.a. auch Fahrmotoren der E16 nach Innsbruck zur Reparatur, wo sie unter freiem Himmel wieder instand gesetzt wurden. Gegen

Kriegsende fuhren die E16, wenn überhaupt, teilweise nur noch mit einem Stromabnehmer oder zeigten andere äußerliche Mängel, die die Situation der Eisenbahn in der damaligen Zeit wiederspiegelten.

Als nach dem Krieg der Bahnverkehr nach Italien wieder aufgenommen wurde, führte die E16 das erste Zugpaar (D 64/67 München-Rom) von München bis bzw. ab Kufstein. Alle damals noch in München verbliebenen E16 wurden bis Dezember 1947 auf die Betriebswerke Freilassing und Rosenheim verteilt. Da man die Leistungsfähigkeit der Reihe E16 hoch einschätzte und sie auf lange Sicht nicht entbehrlich schien, beschloß man eine Grundüberholung und Modernisierung der Baureihe sowie die Instandsetzung der beschädigten Lokomotiven. Hierfür wurden, wie schon erwähnt, die E1611 und 13 als Ersatzteilspender verwendet. In der Zeit von 1948 bis 1951 schickte man alle übrigen E16 zu KRAUSS-MAFFEI und BBC, um über sie eine Verjüngungskur ergehen zu lassen. Am auffallendsten dabei war die Entfernung der Übergangstüren an den Stirnseiten. Bei den E1618-21 fiel der bis dahin so charakteristische Verstärkungsrahmen auf der Antriebsseite der Modernisierung zum Opfer. Nach der Wiederinbetriebnahme entstand ein scheinbar sinnloses Pendeln der Lokomotiven zwischen den Betriebswerken Rosenheim und Freilassing. Der Grund hierfür lag in der personell sehr schwach besetzten Werkstatt des Bw Rosenheim. Nur acht Arbeitskräfte standen zur Wartung von 26 Elloks zur Verfügung (9 E16, 2 E60, 4 E75, 7 E94 und 4 ETs). So konnten die E16 in Rosenheim nur notdürftig unterhalten werden und mußten, um den Betrieb aufrechterhalten zu können, oft gegen die gut gepflegten Freilassinger Loks getauscht werden.

Einen zweiten Höhepunkt erlebte die E16 in den Jahren 1955 bis 1961, als der Bedarf an Schnellzugmaschinen stark anstieg, aber noch nicht genügend Neubauloks zur Verfügung standen. Im August 1955 verteilten sich die 19 E16 zu je 8 Maschinen auf Rosenheim und Freilassing, sowie drei Maschinen auf Garmisch. Bei den Bahnbetriebswerken Rosenheim und Freilassing - beide befuhren die gleichen Strecken - lagen die jährlichenLaufleistungen um 150000 bis 180000 km, wogegen die Garmischer Lokomotiven nicht über 150000 km erreichten. Neben neun Fernschnellzügen wurden 23 Schnellzüge mit E16 bespannt; fast alle hochwertigen Leistungen München-Salzburg/Kufstein und München-Garmisch. Auch wurde in dieser Fahrplanperiode Treuchtlingen mit dem Zugpaar D87/D188 mit einer Garmischer E16 erreicht.

In diese Zeit fällt auch eine Reihe von mittelschweren Unfällen, die einige E16 zu Aufenthalten im Ausbesserungswerk Freimann zwang. Am 17.9.54 entgleiste die Rosenheimer E1616 mit dem Schnellzug F39 Mozart bei der Einfahrt im Bahnhof Salzburg. Eine schadhafte Weiche wurde als Unglücksursache angegeben. Da die Geschwindigkeit des Zuges nur noch 25 km/h betrug, hielten sich die Schäden am Fahrwerk der E16 in Grenzen. Bei der E1612 finden wir den Betriebsbucheintrag, daß sie am 28. 12. 54 im Bahnhof Freilassing mit allen Achsen bei 10-15 km/h entgleiste. Abermals in Salzburg ereignete sich ein Unfall, als die Freilassinger E 16 03 am 27. 12. 56 bei einer Flankenfahrt seitlich beschädigt wurde. Eine harte Berührung muß damals auch E 16 01 widerfahren sein, denn sie verließ das AW München-Freimann am 8. 1. 57, nachdem bei ihr ein Rahmenriß behoben werden mußte, der laut Eintrag die Folge eines Aufstoßes war.

Erst zum Winterfahrplan 1958/59 wurden alle E 16 im Bw Freilassing zusammengezogen. Bereits ein halbes Jahr vorher schickte Garmisch seine letzten drei Loks, die E 16 18, 19 und 21 nach Freilassing. Nachdem E 16 21 Anfang 1958 zum Bw Freilassing umstationiert wurde, erreichte sie in diesem Jahr die stattliche Laufleistung von 199200 km und im Jahr 1960 bringt es die E 16 17 auf 214470 km Rekordleistung.

Vom Fernschnellzug (F 5/6 Orientexpress) bis hin zum einfachen Personenzug bewältigte die E 16 fast alle Reisezugleistungen auf ihrer Stammstrecke von München nach Salzburg und Kufstein, bis ihr abermals die E 18 in die Quere kam. Zum Sommerfahrplan 1962 erhielt das Bw Freilassing neun E 18, die sofort einen beachtlichen Teil der Schnellzugleistungen für sich in Anspruch nahmen. In den nächsten Jahren folgten weitere zehn E 18 nach Freilassing.

Die E 16 stellte aber trotzdem für die DB noch eine vollwertige Schnellzuglok dar und man wollte nicht auf sie verzichten. So fand die BD München bald ein neues Einsatzgebiet für sie: Die Strecke Nr. 413 (neue Nr.: 920/880) München-Ingolstadt-Treuchtlingen-Nürnberg. Hier mußte die E 16 noch einmal mit schweren D-Zügen, die bis zu 15 Wagen umfaßten, zeigen, was in ihr steckt. Neben den E 10 und E 18, die bis heute auf dieser Strecke fahren, lief die E 16 bis zu fünfmal täglich Nürnberg Hbf an. Doch 1966 wurden dann auch diese letzten interessanten Leistungen abgebaut, und so blieben im wesentlichen nur noch die Leistungen mit Personenzügen auf der Strecke von München nach Salzburg bzw. Kufstein übrig. Der "Abstieg" der E 16 ging in diesen Jahren sogar so weit, daß 5 Maschinen neben der Münchner E 32 damit beschäftigt waren, Leerzüge von München Hbf. nach Pasing Abstellbahnhof zu schleppen. Aus den Umlaufplänen läßt sich auch die Vielzahl der untergeordneten Leistungen im Raum München (Abstelldienst nach Feldmoching und Gauting) gut herauslesen. Aber sobald Sonderleistungen anfielen, war die E 16 immer gut genug und hoch willkommen, einen Schnellzug Richtung Österreich zu ziehen.

Bis zu ihrer Ausmusterung konnte die E 16 immer wieder vor Entlastungsschnellzügen und Reisebürosonderzügen zeigen, für welche Leistungen sie ursprünglich konzipiert war, und so sah die BD München in ihr eine willkommene Reservelok für außerplanmäßige Leistungen. Mit etwas Glück konnte man die E 16 auch auf der E 44-Stammstrecke Traunstein-Ruhpolding beobachten. Die Laufleistungen erreichten ab 1966 bei keiner E 16 mehr die 100000 km-Grenze, sondern lagen im Schnitt bei 50000-75000 km und darunter.

Ende der 60er und Anfang der 70er Jahre brachte die E16 auf den heutigen S-Bahn-Strecken Nahverkehrszüge, besonders während der Stoßzeiten auch Berufszüge von München nach Freising, Petershausen, Geltendorf und Tutzing. Auch Landshut und Regensburg gehörten damals kurzzeitig zu den angefahrenen Bahnhöfen; Landshut beispielsweise wurde während der Fahrplanperiode Sommer 1970 mit dem Sonntagszugpaar 2301/ E1908 erreicht, wobei die Lok den ganzen Tag über im Bw Landshut als Einsatzreserve stand.

Im Januar 1967 wurde die E1612 nach einem schweren Auffahrunfall abgestellt und am 7.4.67 ausgemustert. Obwohl die E16 noch im Unterhaltungsprogramm der DB war, erschien eine Reparatur in Anbetracht der großen Schäden nicht mehr lohnend. Sie stand bis zu ihrer Zerlegung im Sommer 1973 im Ausbesserungswerk Freimann abgestellt. Erst war beabsichtigt, diese Lok dem Deutschen Museum in München zur Verfügung zu stellen, doch auch hierfür wäre zumindest eine äußerliche Aufbesserung nötig gewesen.

Stark beschädigt wurde die 116004 als sie am 26.8.71 im Bahnhof Traunstein auf die stehende 118002 auffuhr; während die E18 nach neun Tagen das Ausbesserungswerk wieder verlassen konnte, blieb 116004 110 Tage in Freimann und eine Aufarbeitung erschien vorerst fraglich.

Eine Gegenüberstellung der durchschnittlichen Jahreslaufleistungen der E16 und E18 des Bw Freilassing zeigt Anfang der 70er-Jahre kein rühmliches Bild des E16-Einsatzes mehr. Beide Schnellzugmaschinen weisen sehr unterschiedliche Zahlen auf:

	E16		E18	
	Ø-Jahresleistung	Maschinen	Ø-Jahresleistung	Maschinen
1970	69600	18	139100	19
1971	61700	18	145600	18
1972	64300	17	144000	18
1973	61400	16	145100	19
1974	54400	15	153900*)	19

*) Leistung auf das Jahr umgerechnet, da nur bis Mai in Freilassing stationiert

Damit erreichte die E16 1974 auch niedrigere Laufleistungen als die Freilassinger E44[5].

Mit Eröffnung des S-Bahn-Betriebs im Raum München zum Sommer 1972 beschränkten sich die Personenzugleistungen nur noch auf die Strecke von München nach Salzburg und Kufstein. Für 18 Lokomotiven bestand 1972 noch ein 16tägiger Umlaufplan mit einer Durchschnittsleistung von allerdings nur 237 km pro Tag. Erst im Herbst verminderte sich der E16-Bestand erneut. Die E1605 (nun schon als 116005 bezeichnet) entgleiste am 11.9.72 bei der Ausfahrt aus dem Aw Freimann so schwer, daß die Achsen stark verbogen und der

Rahmen gestaucht wurde. Noch im selben Jahr kollidierte die E1616 (116016) mit S-Bahn-Zug. Bei beiden Maschinen lohnte sich eine Aufarbeitung nicht mehr und sie wurden zusammen am 30.11.73, als die Baureihe E16 bereits aus dem Unterhaltungsbestand ausgeschieden war, ausgemustert. Sie standen damals noch lange im AW Freimann hinter der großen Untersuchungshalle auf dem Freigelände abgestellt. Am 27.7.73 erhielt die E1609 als letzte eine Hauptuntersuchung und war auch die Lok, die uns am längsten auf den Strecken erhalten blieb.

In der Nacht vom 27. auf 28. November 1974 wurde der E16 ein erstes Denkmal gesetzt. In einer aufwendigen Aktion wurde die 116007, inzwischen wieder mit der alten Nummer E1607 versehen und im AW Freimann fast fabrikneu hergerichtet, auf dem Straßenweg von München Ost zum Deutschen Museum überführt. Um einen guten Einblick in das "Innenleben" der E16 bekommen zu können, wurde der Lokkasten auf einer Seite teilweise geöffnet. Neben der S 3/6 verkörpert sie somit im Deutschen Museum ein weiteres Stück bayerischer Lokomotivgeschichte.

Zum Sommerfahrplan 1974 fielen alle Personenzüge auf dem Streckenabschnitt Rosenheim-Kufstein aus dem Umlaufplan der 116 und verkürzten ihn auf 11 Tage (Gesamtbestand 14 Maschinen). Während dieses Sommers kam die E16 auch letztmalig zu planmäßigen Schnellzugehren. Der D 1683 bekam sonntags eine Lok als Vorspann vor einer 110 von München Hbf. bis Salzburg. Auch das Abziehen der E18 aus dem Bw Freilassing nach Würzburg brachte den E16 keinen nennenswerten Zuwachs an Leistungen, lediglich die "Qualität" der Leistungen verbesserte sich teilweise erheblich, obwohl immer mehr Maschinen wegen Fristablaufs aus dem Verkehr gezogen wurden. Die Abstellzüge wurden von E44 aus Rosenheim, Garmisch und Augsburg übernommen und die freiwerdenden 116 erhielten wieder einige Eilzugleistungen. Man traute ihr auf einmal wieder mehr zu. Genau zwei Jahre später kam wie erwartet der große Zusammenbruch der E16-Leistungen: Nur noch ein Zugpaar berührte die Heimat der 116, das Bw Freilassing, und auch sonntags wurde nur noch ein Zug bespannt (N 4509 Mü. Hbf.-Rosenheim).

Zu Versuchszwecken verließ am 30. November 1976 116003 ihr Bw Freilassing und fuhr als Lz nach Aachen West, wo sie bereits am 1.12.76 eintraf. Die Lok, die am 3. Dezember 76 wegen Fristablaufs abgestellt werden mußte, wurde von der DB der TH Aachen, Abteilung für elektrische Maschinen, zur Verfügung gestellt. Die Lok, die an der Brücke an der Turmstraße abgestellt ist, liefert seitdem dem Institut für elektrische Antriebe der Technischen Hochschule Aachen Wechselstrom der Frequenz 16 2/3 Herz und vermittelt äußerlich einen sehr gepflegten Eindruck. Nach den bisherigen Plänen soll die Maschine dort bis 1982 bleiben. So erweist sich noch einmal eine 50jährige Lokomotive mit ihren technischen Einrichtungen als Lehrmeister und Anschauungsbeispiel.

Der Winterfahrplan 1976/77 brachte mit dem vorangegangenen Plan verglichen kaum Einbußen der E16-Leistungen. Für diesen viertägigen Umlauf standen im September 1976 noch acht E16 zur Verfügung. E1602 schied dann am 6.1.77 wegen eines Kollektorschadens drei Wochen vor Fristablauf aus.

Die Reihe der E16-Sonderfahrten eröffnete 116008 am 30.4.77 mit einer Fahrt von München nach Mittenwald. Ab Garmisch leistete 144001, die inzwischen von der Firma Siemens als Museumslok erworben wurde, Schubdienste.

116019 wurde am 6.9.77 z-gestellt und im Bw Rosenheim abgestellt, wo ihr in den darauffolgenden Tagen ein Treibradsatz ausgebaut wurde, um Ersatzteile für die vier noch verbliebenen E16 zu bekommen.

Der im Sommer noch drei Tage umfassende Plan wurde im September 1977 erneut um einen Tag gekürzt, und er umfaßte nur noch zwei Personenzugpaare zwischen Rosenheim und München Hbf. Als im Herbst 1977 dann die 116006 und 018 ausschieden, standen für den zweitägigen Plan auch nur noch zwei Maschinen zur Verfügung. Es wundert sowieso, daß für diese Fahrplanperiode nochmals ein Einsatzplan für die E16 aufgestellt wurde, da das Ausscheiden dreier E16 ja bereits durch die Fristen vorbestimmt war. Bei Ausfall einer E16 kam dann auch stets eine 111 in diesen Plan und vergraulte manchen E16-Fotografen.
Zu Ostern 1978 wurden dann endgültig die letzten Planleistungen gefahren. Grund hierfür bot der Fristablauf der 116008 am 24.3.78. Am Gründonnerstag trat sie ihre letzte Fahrt mit N4515 ab München Hbf. an. Im Bw Rosenheim hinterstellt stand sie ab Karfreitag "Z". 116009 fuhr bis Ostermontag noch entsprechend dem gültigen E16-Umlaufplan und verließ schließlich am 27.3.78 mit N4509 als letztem planmäßig von einer E16 geführten Zug München. Am Tag darauf brachte 116009 die 116008 im Schlepp von Rosenheim nach Freilassing, wo 116009 von nun an für Sonderleistungen und Reservezwecke zur Verfügung stand.

Bei Großkarolinenfeld wurde 116 o18 am 1.6.77 mit N4512 auf dem Weg nach München aufgenommen. Aufnahme: Andreas Braun

Auf geht's zum
Avinger Volksfest

Bevor 116008 im April 1978 zusammen mit ihren schon ausgemusterten Schwestern 116018 und 019, von einer 194 gezogen, ins AW München-Freimann überführt wurde, baute man noch diverse Ersatzteile für die 116009 aus, denn sie sollte bis zu ihrem Fristablauf unter allen Umständen betriebsfähig gehalten werden.

Die DGEG veranstaltete am 21.5.78 mit 116009 eine Sonderfahrt München-Kufstein-Innsbruck-Garmisch-München. Bei dieser "Karwendelfahrt" kam erstmals, soweit bekannt, eine E16 von Innsbruck nach Mittenwald, wenn auch mit 1670.08 als Vorspann. Im Juni und Juli fuhr 116009 öfters die $E44^5$-Leistungen N5547/5532 und 45895/Lz87022 zwischen Freilassing und Salzburg; auch soll sie vereinzelt Berchtesgaden angefahren, wie zum Beispiel am 30.9.78 und Touropa-Sonderzüge auf der Strecke Traunstein-Ruhpolding befördert haben.

Am 15.1.79 vertrat die 116009 als letzte ihrer Gattung den bayerischen Lokomotivbau bei einer E-Lok-Parade im Bw Freilassing anläßlich der Aufnahme eines Posters "100 Jahre E-Lok". Am 18.2.79 durfte sie einen Faschingssonderzug von München nach Rosenheim bringen. So sammelte die letzte E16 gemächlich ihre Kilometer; am 5.5.79 war sie von Freilassing über Holzkirchen nach München und zurück unterwegs, um eine Gleisbaumaschine zu wenden; und stand ein Übergabezug nach Salzburg an, so war sie auch hier zu finden.

Das Wochenende 19./20.5.79 verbrachte 116009 mit Sonderfahrten auf der Strecke Weilheim-Murnau. Grund für die historischen Fahrten bot das 100-jährige Streckenjubiläum. Von 24.5. bis 27.5.9 stand sie bei der Ausstellung "100 Jahre Elektrische Eisenbahn" im AW München-Freimann in einwandfreiem Zustand ausgestellt und reiste so von Fahrzeugschau zu Fahrzeugschau bzw. Sonderfahrt. Am 10.6.79 brachte 116009 einen Sonderzug bestehend aus zehn Silberlingen von München nach Aying und am 21./22.7.79 stand sie als Ausstellungsstück bei einer Fahrzeugschau in Neubiberg. Tags zuvor hatte sie die 41018 aus dem Bw München Ost nach Neubiberg geschleppt. Noch einmal zeigen, was in ihr steckte, durfte die E16 dann in den letzten Tagen ihres "Lebens". Das Bw Freilassing setzte die hervorragend gepflegte Lok vom 23. bis 26.7.79 unter anderem vor dem Eilzugpaar E3502/05 zwischen Salzburg und München ein. Ein Schildchen "letzte Fahrt" sollte auch dem "Nicht-Eisenbahnfreund" zeigen, daß damit ein Stück Technikgeschichte zu Ende ging. Die inzwischen von privater Seite erworbene 116009 stand noch bis Ende März 1980 in Freilassing abgestellt, und wird somit neben der E1607 die zweite erhaltene Lok dieser renomierten Schnellzuglok sein.

Ob die Deutsche Bundesbahn aus den heute noch vorhandenen E16 (08, 18, 19 und 20 sowie 03 in Aachen) eine Lok für ihr eigenes Museumsprogramm bestimmt, bleibt noch zu hoffen.

2
2
116 009-2

IV. Museumslok E 16 07

Da stand sie, die für das Deutsche Museum bestimmte E 16. Am Vormittag des 27. November 1974 sollte sie ihre letzte Reise auf Schienen absolvieren, in wochenlanger Arbeit restauriert und für die technikgeschichtlich interessierten Besucher des Deutschen Museums vorbereitet, um die noch in der Fahrzeughalle verbliebene Lücke zu schließen. Bereits beim Umbau der Eisenbahnabteilung (Wiedereröffnung 1970) hatte man die Aufstellung einer Lok der Reihe E 16 als Repräsentation der Ellok mit Buchli-Einzelachsantrieb eingeplant. Das Ausmusterungsdatum gab den Ausschlag, daß die Wahl ausgerechnet auf die Nr. 07 fiel und ihr die Ehre zuteil wurde, noch einmal im Ausbesserungswerk München-Freimann total überholt zu werden. Das Ergebnis stand nun in der Morgensonne, während die Diesellok (V100) schon wartete, um die E 16 rund um München zum Güterbahnhof München-Ost zu schleppen, von wo aus es auf der Straße zum Deutschen Museum weiter gehen sollte, das über keinen Gleisanschluß verfügt.

Die 07 bot einen reichlich ungewohnten Anblick; der hochglänzende dunkelgrüne Aufbau über dem schwarz abgesetzten Rahmen und den leuchtenden roten Radsternen, die man selbst bei der guten Freilassinger Pflege an einer Betriebsmaschine praktisch nie zu sehen bekam. Auch am oberen Ende des Lokkastens war einiges ungewohnt; die veränderten Proportionen durch das Fehlen der Stromabnehmer, die erst im Museum angebaut werden sollten, um die maximale Höhe der Lok während des Straßentransports möglichst gering zu halten, und eine auffallend helle horizontale Partie über der Dachkante, die sich als Holzlattenrost entpuppte, den zwar alle E 16 zum Betreten des Daches haben, der aber hier besonders hervorstach, da er neu und das helle Holz glänzend überlackiert war.

Offensichtlich war man bestrebt gewesen, den Zustand der Lok zur Zeit der Reichsbahn zu rekonstruieren, was aber leider nicht konsequent durchgeführt wurde. Sie erhielt zwar die Beschriftung "RBD München", "Deutsche Reichsbahn" sowie "V" und "H" an den Führerständen, aber dennoch stehen der Reichsbahn-E 16 einige Widersprüche im Weg: Messingschilder wie zur Bundesbahnzeit (schmale Ziffern/DRG: breiteZiffern), Bundesbahneinheitslampen, keine Übergangstüren, sondern Griffstangen an den Stirnseiten, Indusimagnet; und wem das alles noch nicht auffällt, der soll sich das Untersuchungsdatum ansehen: "MF 6.2.68".

Die linke Längsseite der Lok, die ins Museum zum Bahnsteig hin zum stehen kommen sollte, hatte man ohne die Außenverkleidung belassen, um einen Einblick in den Motorraum zu ermöglichen. Das befürchtete "Aufschneiden", dem Generationen von Museumsrestauratoren rare Stücke geopfert hatten, war gnädig ausgefallen. Fahrmotor und Getriebe der 3. Treibachse lagen soweit offen, daß Anker und Zahnräder sichtbar waren, und darunter erlaubten Abdeckungen aus Glas den Einblick in die Geheimnisse des Buchli-Antriebs. Im

Kurz vor ihrer Überführung ins Deutsche Museum steht die E16 07 noch im AW München-Freimann, wo sie auch in diesen Zustand versetzt wurde. Um den Transport zu ermöglichen, fehlen noch die Stromabnehmer, die erst an Ort und Stelle auf ihren Stammplatz zurückkehren. Aufnahmen: DB

47

Museum kann diese Achse heute auch von außen mit einem Elektromotor in Bewegung gesetzt werden.

Gegen Mittag stand in München-Ost Gbf ein 40-rädriger Straßenroller der DB-Schwerlastgruppe Darmstadt mit Zugmaschinen bereit, die die E16 in der Nacht zum Museum bringen sollten. Die Diesellok hatte die 07 bis an die Auffahrtsrampe gedrückt; die letzten Meter auf DB-Schienen sollten dann im Schlepp einer Seilwinde erfolgen. Was für die wenigen Aktiven mehr oder weniger Routine war, bot für die Zuschauer eine spannende Abwechslung in der Mittagspause. Aber ganz so problemlos war das zentimeterweise Heraufziehen auf die Schienen des Straßenroller dann doch nicht. Der Winkel der Rampe brachte es mit sich, daß das Gewicht der Lok teilweise äußerst ungleichmäßig auf die Achsen verteilt war, und sich dementsprechend auch die Vorderachse selbständig machte,als die Treibräder auf der Rampe standen, der Kippunkt aber noch nicht erreicht war. Mit einer Handwinde wurde sie sogleich wieder eingegleist, und die Lok dann endgültig auf den Tieflader gezogen, dessen Gleislänge knapp ausreichte.

Die ganze Aktion war in erstaunlich kurzer Zeit über die Bühne gegangen, und nach dem Verkeilen und Verzurren (zur besseren Zugänglichkeit waren auch die Bahnräumer entfernt worden) stand der Transport, von Bahnpolizei bewacht (Messingschilder!), bis in die Nachtstunden.

Mitternacht sollte es losgehen. Ganze vier Unentwegte waren zugegen und wollten diese nächtliche Unternehmung miterleben. Später kam noch ein Fotograf der DB dazu, dann ein Streifenwagen der Verkehrspolizei und zuletzt auch die Hauptakteure. Und als sich das Gespann aus Zugmaschine, Straßenroller mit Lok und einer zweiten Zugmaschine in Bewegung setzte, begann es zu regnen.

Von der Ausfahrt am Haidenauplatz folgte man zunächst der Grillparzerstraße nach Norden und bog dann in Richtung Innenstadt in die menschenleere Einsteinstraße ein. Ein Turmwagen der Verkehrsbetriebe stand bereit um das Unterqueren der Tram-Fahrleitung abzusichern. Während der Regen zunahm, und sich die Begeisterung der Fotografen entsprechend steigerte, erreichte man im Schrittempo den Max-Weber-Platz, wo es wieder Arbeit für die Leute der Fahrleitungsmeisterei gab. Das Gewirr der sich hier kreuzenden Trambahnoberleitungen wurde so weit angehoben, daß es der Straßenroller in weitem Bogen unterfahren und in die Innere Wiener Straße, parallel zum Isarhochufer einbiegen konnte. Vorbei an den hohen Mauern des Hofbräu-Kellers immer knapp neben der Oberleitung der Straßenbahn weiter zum Gasteig und diesen langsam hinab zur Ludwigsbrücke. Links lag bereits der große Baukomplex des Deutschen Museums auf der Insel zwischen den Isararmen, doch war eine Anfahrt von der Ludwigsbrücke her zur Fahrzeughalle wegen einer zu niedrigen Durchfahrt nicht möglich. So überquerte man die Isar ganz, kreuzte noch einmal die Straßenbahn und bog in die Erhardtstraße ein, folgte ihr zwi-

Verladung der E16 in München-Ost Gbf.   Aufnahme: Paul Müller

E16 im Straßenverkehr! Aufgenommen nahe der Ludwigsbrücke.
Aufnahme: Karl Böhm

schen Isar und Patentamt, um dann über die kleine Corneliusbrücke das Südende der Museumsinsel zu erreichen.

Da stand sie nun, E 16 07 im Schneeregen allein mitten auf der Brücke, die beiden Zugmaschinen abgekuppelt, hinter einem Gittertor des hell erleuchteten Hofes vor der Stirnseite der Fahrzeughalle. Mit Hilfe einer langen Schleppstange gelang es dann den Straßenroller so in das Museumsgelände zu ziehen, daß die Lok noch in der Nacht über eine Behelfsbrücke der DB in die Halle bugsiert werden konnte. Sie stand nun zunächst auf einem dritten Gleis auf dem Bahnsteig zwischen den beiden Ausstellungsgleisen, unmittelbar neben ihrer bayerischen Schwester S 3/6, und wer das Deutsche Museum heute besucht, kann sich leicht ausmalen, welche Schwierigkeiten mit der hier nur knapp beschriebenen Aktion verbunden waren.

Anschließend hob man die ganze Lok mit Hilfe von Winden so weit an, daß es nun möglich war, sie quer zu den Gleisen zu verschieben und auf ihren endgültigen Standplatz auf dem Westgleis zwischen V 140 001 und Ellok Nr. 1 Burgdorf-Thun abzusenken.

Nach einigen Tagen, in denen die restlichen Teile der Lok angebaut, sie noch einmal poliert, und der Bahnsteig wieder begehbar gemacht wurde, war die Halle Landverkehr mit ihren nunmehr fünf Originallokomotiven der Öffentlichkeit wieder zugänglich.

116 009 ist nun die zweite erhaltene E16; hier sehen wir sie am 7.1.79 in ihrem Heimat-Bw. Sie übernahm an diesem Tag außerplanmäßig den 4540 nach Rosenheim. Aufnahme: Florian Hofmeister

E16 01

Krauss 8166/26
BBC 5o39/26

Anlieferung: 17.o9.26
Abnahme : 21.o7.27

22.o7.27- .o1.33	Rosenheim
o1.33-13.o6.33	Freilassing
14.o6.33- 34	München Hbf
34-o4.o4.43	Rosenheim
o5.o4.43-13.o6.43	RAW Freimann E4
14.o6.43-o6.o1.45	Rosenheim
o7.o1.45-31.o8.45	Freilassing
31.o8.45-o5.11.45	Rosenheim
o6.11.45-o4.11.46	Freilassing
o5.11.46-15.o1.47	RAW Freimann/Krauss-M.
16.o1.47-o3.1o.51	Rosenheim
o4.1o.51-o6.o2.52	Garmisch
o7.o2.52-28.o4.58	Freilassing
29.o4.58-27.o9.58	Rosenheim
28.o9.58-24.o2.76	Freilassing

Z: 25.o6.76
A: 28.1o.76
+: o1.-o4.78 AW Freimann

letzte HU erhielt die Lok am 29.6.70

E16 02

Krauss 8167/26
BBC 5o4o/26

Anlieferung: 27.o5.26
Abnahme : 18.o7.27

28.o5.26-	München H
-3o.o5.33	Rosenheim
31.o5.33-	München H
-o9.o6.34	Rosenheim
1o.o6.34- .o1.35	Freilassing
.o1.35- .1o.35	Rosenheim
.1o.35-12.o1.38	Freilassing
13.o1.38-o6.o1.45	Rosenheim
o7.o1.45-o2.o1.46	Freilassing
o3.o1.46-18.o5.46	RAW MF/PAW KM E3
19.o5.46-12.o8.51	Rosenheim
13.o8.51-22.1o.51	EAW MF/PAW KM E4
23.1o.51-o6.o2.52	Garmisch
o7.o2.52-23.o4.58	Freilassing
24.o4.58-o3.o6.58	AW Freimann E2
o4.o6.58-27.o9.58	Rosenheim
28.o9.58-o5.o1.77	Freilassing

Z: o6.o1.77
A: 28.o4.77

letzte HU erhielt die Lok am 28.o1.71

E16 03

Krauss 8168/26
BBC 5o41/26

Anlieferung: 13.o9.26
1.Abnahme : 22.o1.27
2.Abnahme : 1o.11.27

23.o1.27-3o.o5.33	Rosenheim
31.o5.33-o9.1o.33	Freilassing
1o.1o.33-15.o5.34	Rosenheim
16.o5.34-	Freilassing
-18.o5.42	Rosenheim
19.o5.42-15.o6.42	RAW MF,Abt.Mü.Hbf EO
16.o6.42-o1.o8.42	Freilassing
o2.o8.42-o3.1o.51	Rosenheim
o4.1o.51-1o.o2.52	Garmisch
11.o2.52-16.o2.52	WAbt Rosenheim EOo
17.o2.52-o1.o5.58	Freilassing
o2.o5.58-o8.o5.58	AW MF, EO
o9.o5.58-15.o9.58	Rosenheim
16.o9.58-15.1o.58	AW Freimann E2
16.1o.58-3o.11.76	Freilassing
o1.12.76-	TH Aachen

Z: o3.12.76
A: 31.o3.77

letzte HU erhielt die Lok am o3.12.70

E16 04

Krauss 8169/26
BBC 5o42/26

Anlieferung: 26.o3.27
Abnahme : 16.o4.27

17.o4.27-17.o6.34	Rosenheim
18.o6.34-2o.o7.34	Freilassing
21.o7.34- 1o.34	München H
1o.34-12.1o.41	Rosenheim
13.1o.41-17.11.41	RAW MF E4
18.11.41-o2.o4.46	Rosenheim
o3.o4.46-27.o6.46	RAW MF E3
28.o6.46-o3.o5.47	Freilassing
o4.o5.47-27.11.49	Rosenheim
27.11.49-o1.o1.5o	Freilassing
o2.o1.5o-1o.o8.5o	EAW MF/PAW KM E4
11.o8.5o-18.12.51	Rosenheim
19.12.51-o7.o5.58	Freilassing
o8.o5.58-28.o9.58	Rosenheim
29.o9.58-o4.o5.76	Freilassing

Z: o5.o5.76
A: o1.o8.76 +: o1.-o7.77 AW Neuaubing

letzte HU erhielt die Lok am o5.o5.70

E16 05

Krauss 817o/26
BBC 5o43/26

Anlieferung: o4.o1.27
Abnahme : 19.o5.27

2o.o5.27- 29	München H
29-23.11.41	Rosenheim
24.11.41-27.o2.42	RAW Freimann E4
28.o2.42-2o.12.51	Rosenheim
21.12.51-27.o8.58	Freilassing
28.o8.58-o4.o9.58	AW Freimann EO
o5.o9.58-27.o9.58	Rosenheim
28.o9.58-31.o7.73	Freilassing

Z: o1.o8.73
A: 3o.11.73

E16 06

Krauss 8171/26
BBC 5044/26

Anlieferung: 12.11.26
Abnahme : o8.o3.27
Abnahmefahrt: 1o.o2.27 München-Landshut
in Dienst ab: o1.12.26

o1.12.26-11.o6.29	München H
12.o6.29-3o.o6.3o	Garmisch
o1.o7.3o-31.1o.33	München H
o1.11.33-27.o9.35	Garmisch
28.o9.35-o5.11.38	München H
o6.11.38-	Rosenheim
-31.o7.41	Freilassing
o1.o8.41-o9.o1.43	München H
1o.o1.43-28.11.49	Rosenheim
29.11.49-14.o9.5o	Freilassing
15.o5.5o-18.12.51	Rosenheim
19.12.51-13.o5.58	Freilassing
14.o5.58-27.o9.58	Rosenheim
28.o9.58-11.12.77	Freilassing

Z: 12.12.77
A: 23.o2.78
+: AW Freimann Sommer 1979

letzte HU erhielt die Lok am 14.o2.72

E16 07

Krauss 8172/27
BBC 5o45/27

Anlieferung: o9.o3.27
Abnahme : o1.o4.27
Probefahrt: München-Kufstein

o2.o4.27-	München H
-o3.o6.33	Garmisch
o4.o6.33-26.11.33	München H
27.11.33- 35	Garmisch
35-23.o1.42	Rosenheim
24.o1.42-o4.o3.42	RAW Freimann EO
o5.o3.42-29.12.44	Rosenheim
o1.o1.45-o8.o1.45	RAW Freimann EO
o9.o1.45-o1.11.45	Freilassing
o1.11.45-o7.11.45	BW Freilassing EO
o8.11.45-27.11.48	Rosenheim
28.11.48-o1.o8.49	Freilassing
o2.o8.49-o5.1o.49	EAW Freimann EOb
o6.1o.49-28.1o.49	Rosenheim
29.1o.49-15.11.49	EAW MF "W"
16.11.49-12.o5.5o	EAW Freimann E4
13.o5.5o-22.o2.51	Rosenheim
23.o2.51-12.o3.51	Freilassing
13.o3.51-19.12.51	Rosenheim
2o.12.51-22.o5.58	Freilassing
23.o5.58-27.o9.58	Rosenheim
28.o9.58-14.o2.74	Freilassing

Z: 15.o2.74
A: o1.o5.74

Lok steht seit o2.12.74 im Deutschen Museum in München.

E16 08

Krauss 8173/26
BBC 5o46/27

Anlieferung: 16.o5.27
Abnahme : o4.o1.28
Probefahrt: München-Rosenheim 28.12.27
in Betrieb ab 16.o5.27; bis o6.o6.27 bereits 5ooo k

16.o5.27-o1.12.33	München H
o2.12.33-3o.1o.4o	Garmisch
o1.11.4o-3o.1o.41	Treuchtlingen
o1.11.41-3o.11.48	Rosenheim
o1.12.48-21.o3.5o	Freilassing
22.o3.5o-o3.11.5o	EAW MF/PAW KM E4
o4.11.5o-o6.o2.52	Rosenheim
o7.o2.52-3o.o6.54	Freilassing
o1.o7.54-o3.1o.54	Rosenheim
o4.1o.54-21.o5.58	Freilassing
22.o5.58-27.o9.58	Rosenheim
28.o9.58-23.o3.78	Freilassing

Z: 24.o3.78
A: 29.o6.78

letzte HU erhielt die Lok am 24.o3.72

E16 09

Krauss 8174/27
BBC 5o47/27

Anlieferung: 3o.o3.27
Abnahme : 13.o5.27

14.o5.27- .o1.31	München H
o1.31-22.12.32	Garmisch
23.12.32-24.o7.36	München H
25.o7.36-15.o1.41	Garmisch
16.o1.41-19.12.47	Freilassing
2o.12.47-o7.o8.49	Rosenheim
o8.o8.49-23.o9.51	Freilassing
24.o9.51-o7.o5.58	Rosenheim
o8.o5.58-26.o7.79	Freilassing

Z: 27.o7.79
A: 31.o1.80

letzte HU erhielt die Lok am 27.o7.73

Die Maschine wird privat der Nachwelt erhalten.

E16 10

Krauss 8175/27
BBC 5o48/27

Anlieferung: 12.o8.27
Abnahme : 23.o8.27

24.o8.27- . .35	München H
35- 35	Rosenheim (leihweise?)
35-31.1o.41	München H
o1.11.41-19.12.47	Freilassing
2o.12.47-23.o8.48	Rosenheim
24.o8.48-31.1o.49	Freilassing
o1.11.49-o6.o9.5o	Rosenheim
o7.o9.5o-o3.1o.51	Freilassing
o4.1o.51-21.o5.58	Rosenheim
22.o5.58-17.o4.74	Freilassing

Z: 18.o4.74
A: o1.1o.74
+: Schrottverwertung Beutler Mü.Süd Mai 1975

letzte HU erhielt die Lok am 17.o4.68

E16 11

Krauss 842o/28
BBC 5o81/28

Anlieferung: 13.1o.28
Abnahme : ?

.1o.28-31.o3.3o	München H
o1.o4.3o-14.o9.3o	Rbd Breslau (leihw.)
15.o9.3o-15.12.36	München H
16.12.36-13.o8.41	Garmisch
19.o9.41-o8.o1.45	Freilassing
o9.o1.45-13.o1.45	Lok in Bf.Mü.Süd
14.o1.45-15.o1.45	Freilassing abg.
16.o1.45-15.o2.45	RAW MF EO nach Aufstoß
16.o2.45- o3.45	Freilassing i.D.
o3.45- o4.45	Freilassing abg.

Z: 31.o4.45 nach Bombentreffer
A: 21.12.45

E16 12

Krauss 8421/28
BBC 5o88/28

Anlieferung: 14.11.28
Abnahme : 22.11.28
Probefahrt : 2o.11.28 München-Regensburg

22.11.29-27.o2.3o	München H
28.o2.3o-14.o9.3o	Rbd Breslau (leihw.)
15.o9.3o- o1.35	München H
o1.35-18.o6.41	Rosenheim
19.o6.41-17.o7.41	RAW Freimann
18.o7.41-31.1o.41	Treuchtlingen
o1.11.41-29.o7.42	Freilassing
3o.o7.42-o5.o8.42	RAW Freimann
o6.o8.42-o1.11.43	Garmisch
o2.11.43-13.1o.46	München H
13.1o.46-3o.o7.49	Freilassing
o1.o8.49-o5.o5.5o	EAW MF/PAW KM E4
o6.o5.5o-13.o5.5o	Freilassing
14.o5.5o-1o.o8.5o	Rosenheim
11.o8.5o-18.12.51	Freilassing
19.12.51-12.o5.58	Rosenheim
13.o5.58-18.o1.67	Freilassing

Z: 19.o1.67 (Unfall)
A: o7.o4.67
+: AW Freimann Sommer 1973

E16 13

Krauss 8422/28
BBC 5o89/28

Anlieferung: .o1.29
Abnahme : .o1.29

.o1.29-27.o1.33	München H
28.o1.33-	Garmisch
- 44	München H

Z:
A: 1o.11.44
+: EAW Freimann bis 1951

E16 14

Krauss 8423/28
BBC 5o9o/28

Anlieferung: o7.o2.29
Abnahme : 27.o2.29

28.o2.29-25.o3.41	München H
26.o3.41-22.12.42	Garmisch
23.12.42-21.o8.47	München H
22.o8.47-19.12.47	Rosenheim
2o.12.47-1o.o1.48	Freilassing
11.o1.48-1o.o3.48	Rosenheim
11.o3.48-17.12.51	Freilassing
18.12.51-21.o5.58	Rosenheim
22.o5.58-o4.12.75	Freilassing

Z: o5.12.75
A: o1.o8.76

letzte HU erhielt die Lok am o5.12.69

E16 15

Krauss 8424/28
BBC 5o91/29

Anlieferung: 2o.o3.29
Abnahme : 27.o3.29

28.o3.29- . .33	München H
33- .38	Rosenheim
38-o2.11.41	Freilassing
o3.11.41-24.12.43	Garmisch
25.12.43-11.1o.46	München H
12.1o.46-17.o7.48	Freilassing
18.o7.48-o1.1o.48	Rosenheim
o2.1o.48-26.11.49	Freilassing
27.11.49-o6.o7.5o	Rosenheim
o7.o7.5o-o6.o2.52	Freilassing
o7.o2.52-28.o4.58	Rosenheim
29.o4.58-25.o3.75	Freilassing

Z: 26.o3.75
A: 26.o6.75

letzte HU erhielt die Lok am 26.o3.69

E16 16

Krauss 8425/29
BBC 5o92/29

Anlieferung: o8.o5.29
Abnahme : 24.o5.29

25.o5.29-27.o2.3o	München H
28.o2.3o-o9.o4.3o	Rbd Breslau (leihw.)
1o.o4.3o- 41	München H
41- 41	Treuchtlingen
-11.11.41	RAW Freimann E4
12.11.41-o8.11.43	Garmisch
o9.11.43-1o.o7.47	München H
11.o7.47-19.12.47	Rosenheim
2o.12.47-27.11.49	Freilassing
27.11.49-o9.o5.5o	Rosenheim
1o.o5.5o-21.11.5o	EAW MF/PAW KM E4
22.11.5o-o6.o2.52	Freilassing
o7.o2.52-17.o2.58	Rosenheim
18.o2.58-31.o7.73	Freilassing

Z: o1.o8.73
A: 3o.11.73

E16 17

Krauss 8426/29
BBC 5o93/29

Anlieferung: o5.o7.29
Abnahme : 1o.o7.29

11.o7.29-3o.o3.3o	München H
31.o3.3o-o1.11.41	Garmisch
o4.11.41-22.o1.42	RAW Freimann E4
23.o1.42-o2.11.43	Garmisch
o3.11.43-19.o9.44	München H
2o.o9.44-27.o8.46	München H "Z"
28.o8.46-o4.1o.46	RAW Freimann E2
o5.1o.46-1o.o5.47	Freilassing
1o.o5.47-23.o7.47	EAW Freimann E3
24.o7.47-27.11.49	Freilassing
28.11.49-1o.o5.5o	Rosenheim
1o.o5.5o-28.11.5o	EAW MF/PAW KM E4
29.11.5o-18.o2.52	Freilassing
19.o2.52-17.o2.58	Rosenheim
18.o2.58-25.o2.76	Freilassing

Z: 26.o2.76
A: o1.o8.76

letzte HU erhielt die Lok am 25.o2.70

E16 18

Krauss 85o7/32
BBC 5114/32

Anlieferung: 12.o3.32
Abnahme : 3o.o9.32
Probefahrt : o5.o4.32 München-Augsburg

o1.1o.32-1o.o5.4o	München H
1o.o5.4o-o2.11.41	Garmisch
o3.11.41-29.1o.44	Freilassing
3o.1o.44-31.o3.45	RAW Freimann "Z"
o1.o4.45-o5.o2.52	Freilassing
o6.o2.52-15.o4.52	Garmisch
16.o4.52-11.o6.52	EAW MF/PAW KM E4
12.o6.52-29.o4.58	Garmisch
3o.o4.58-11.12.77	Freilassing

Z: 12.12.77
A: 23.o2.78

letzte HU erhielt die Lok am o1.o3.73

E16 19

Krauss 8508/32
BBC 5115

Anlieferung: 29.04.32
Abnahme : 30.09.32
Probefahrt : 02.06.32 München-Regensburg

29.04.32-31.03.38	München H
01.09.38-03.11.41	Garmisch
04.11.41-11.01.45	Freilassing
11.01.45-13.01.45	RAW Freimann EO
14.01.45- 03.45	Freilassing
03.45-16.04.46	Freilassing "Z"
17.04.46-22.01.50	RAW Freimann "Z"
23.01.50-21.12.51	EAW MF/PAW KM E4
22.12.51-06.02.52	Rosenheim
07.02.52-01.06.58	Garmisch
02.06.58-05.09.77	Freilassing

Z: 06.09.77
A: 24.11.77

letzte HU erhielt die Lok am 16.09.71

E16 20

Krauss 15356/33
BBC 5116

Anlieferung: 08.04.33
Abnahme : 12.04.33

13.04.33-14.04.40	München H
15.04.40-26.11.49	Freilassing
27.11.49-02.02.50	Rosenheim
03.02.50-21.04.50	EAW MF/KM EO
22.04.50-13.05.50	Freilassing
14.05.50-17.07.50	Rosenheim
18.07.50-18.05.51	EAW MF/PAW KM E4
19.05.51-18.12.51	Freilassing
19.12.51-16.02.58	Rosenheim
17.02.58-16.10.75	Freilassing
17.10.75- 02.76	Heizlok Mainz Hbf
02.76- 80	AW Neuaubing (warten auf Zerlegung)

Z: 16.10.75
A: 01.08.76

letzte HU erhielt die Lok am 16.10.69

E16 21

Krauss 15357/33
BBC 5117

Anlieferung: 19.05.33
Abnahme : 20.05.33

20.05.33-15.04.40	München H
16.04.40-31.03.50	Freilassing
01.04.50-27.04.51	Rosenheim
28.04.51-20.12.51	Freilassing
21.12.51-19.02.52	Rosenheim
20.02.52-31.05.58	Garmisch
01.06.58-14.11.76	Freilassing

Z: 15.11.76
A: 28.04.77

letzte HU erhielt die Lok am 14.12.71

Ein Werkfoto der 21 001. Sie war aber trotz ihrer Nummer nicht die erste E16, die das Werk verließ. Aufnahme: Krauss-Maffei

STATIONIERUNGEN BEI DEN EINZELNEN BAHNBETRIEBSWERKEN
(ohne Bw Rosenheim und Freilassing)

Bw Garmisch

E16 01	:	04.10.51	- 06.02.52
E16 02	:	23.10.51	- 06.02.52
E16 03	:	04.10.51	- 10.02.52
E16 06	:	12.06.29	- 30.06.30
		01.11.33	- 27.09.35
E16 07	:		- 03.06.33
		27.11.33	-
E16 08	:	02.12.33	- 30.10.40
E16 09	:	01.31	- 22.12.32
		25.07.36	- 15.01.41
E16 11	:	16.12.36	- 13.08.41
E16 12	:	06.08.42	- 01.11.43
E16 13	:	28.01.33	-
E16 14	:	26.03.41	- 22.12.42
E16 15	:	03.11.41	- 24.12.43
E16 16	:	12.11.41	- 08.11.43
E16 17	:	31.03.30	- 02.11.43
E16 18	:	10.05.40	- 02.11.41
		06.02.52	- 29.04.58
E16 19	:	01.09.38	- 03.11.41
		07.02.52	- 01.06.58
E16 21	:	20.02.52	- 31.05.58

Bw München I/Hbf

E16 01	:	14.06.33	-
E16 02	:	28.05.26	-
		31.05.33	-
E16 04	:	21.07.34	- 10.34
E16 05	:	20.05.27	- 29
E16 06	:	01.12.26	- 11.06.29
		01.07.30	- 31.10.33
		28.09.35	- 05.11.38
		01.08.41	- 09.01.43
E16 07	:	02.04.27	-
		04.06.33	- 26.11.33
E16 08	:	16.05.27	- 01.12.33
E16 09	:	14.05.27	- 01.31
		23.12.32	- 24.07.36
E16 10	:	24.08.27	- 31.10.41
E16 11	:	10.28	- 31.03.30
		15.09.30	- 15.12.36
E16 12	:	22.11.29	- 27.02.30
		15.09.30	- 01.35
		02.11.43	- 13.10.46
E16 13	:	01.29	- 27.01.33
			- 44
E16 14	:	28.02.29	- 25.03.41
		23.12.42	- 21.08.47
E16 15	:	28.03.29	- 33
		25.12.43	- 11.10.46
E16 16	:	25.05.29	- 27.02.30
		10.04.30	- 41
		09.11.43	-10.07.47
E16 17	:	11.07.29	- 30.03.30
		03.11.43	- 04.10.46
E16 18	:	01.10.32	- 10.05.40
E16 19	:	29.04.32	- 31.03.38
E16 20	:	13.04.33	- 14.04.40
E16 21	:	20.05.33	- 15.04.40

Bw Treuchtlingen

E16 08	:	01.11.40	- 30.10.41
E16 12	:	18.07.41	- 31.10.41
E16 16	:	41	- 41

VERTEILUNG DER E16-LOKOMOTIVEN

Stichtag// Bw	Freilassing	Rosenheim	Garmisch	München Hbf	Treuchtlingen	gesamt
15.o5.35	o3 = 1	o1,o2,o4,o5,o7, 1o,12,15 = 8	o6,o8,17 = 3	o9,11,13,14,16, 18,19,2o,21 = 9	- = O	21
o1.o9.39	o6,15 = 2	o1,o2,o3,o4,o5, o7,12 = 7	o8,o9,11,17,19 = 5	1o,13,14,16,18, 2o,21 = 7	- = O	21
o1.o8.41	o6,15,2o,21 = 4	o1,o2,o3,o4,o5, o7 = 6	11,14,17,18,19 = 5	o9,1o,13 = 3	o8,12,16 = 3	21
o1.o1.45	o9,1o,11,18,19, 2o,21 = 7	o1,o2,o3,o4,o5, o6,o7,o8 = 8	- = O	12,14,15,16,17 = 5	- = O	2O
o1.o1.48	12,14,15,17,18, 19z,2o,21 = 8	o1,o2,o3,o4,o5, o6,o7,o8,o9,1o, 16 = 11	- = O	- = O	- = O	18+1 Lok "Z"
o1.o1.52	o4,o5,o6,o7,15, 16,17,18 = 8	o8,o9,1o,12,14, 19,2o,21 = 8	o1,o2,o3 = 3	- = O	- = O	19
o1.o1.55	o1,o2,o3,o4,o5, o6,o7,o8 = 8	o9,1o,12,14,15, 16,17,2O = 8	18,19,21 = 3	- = O	- = O	19
o1.o7.58	o9,1o,12,14,15, 16,17,18,19,2o, 21 = 11	o1,o2,o3,o4,o5, o6,o7,o8 = 8	- = O	- = O	- = O	19
o1.o1.59	o1-1O,12,14-21 = 19	- = O	- = O	- = O	- = O	19
o1.o1.75	o1-o4,o6,o8,o9, 14,15,17-21 = 14	- = O	- = O	- = O	- = O	14

EINSATZSPIEGEL DER E16 1928-1952

Stichtag	*01.o1.28*	*3o.o6.3o*	*3o.o6.32*	*3o.o6.34*	*3o.o6.36*	*31.12.36*
gesamt	*1o*	*15*	*18*	*21*	*21*	*21*
in Betrieb	*9*	*15*	*13*	*19*	*14*	*18*
"kalt"	-	-	-	-	-	-
"Z"	-	-	-	-	-	-
Tag	*3o.o6.39*	*3o.o6.43*	*31.1o.44*	*31.o8.45*	*31.12.45*	*31.12.46*
gesamt	*21*	*21*	*21*	*2o*	*19*	*19*
i.B.	*19*	*19*	*13*	*9*	*8*	*12*
k	-	-	-	8	-	-
Z	-	-	-	3	-	-
Tag	*31.12.47*	*31.12.48*	*31.12.49*	*31.12.5o*	*31.12.51*	*31.12.52*
gesamt	*19*	*19*	*19*	*19*	*19*	*19*
i.B.	*11*	*11*	*6*	*1o*	*16*	*14*
k	*3*	-	-	-	-	-
Z	*2*	*2*	*2*	-	-	-

EINSATZSPIEGEL IM VERGLEICH ZU ANDEREN BAUREIHEN, RBD/BD München

Stichtag	31.10.44	31.12.46	31.12.50	31.12.52
Baureihe	g/i.B./z	g/i.B./z	g/i.B./z	g/i.B./z
E 16	21/13/-	19/12/-	19/10/-	19/14/-
E 17	3/ 1/-	3/--/-	-/--/-	-/--/-
E 18	16/ 8/1	16/10/-	13/13/-	13/11/-
E 22[1] +)	28/21/-	-/--/-	-/--/-	-/--/-
E 04	-/--/-	-/--/-	6/ 5/-	6/ 6/-

+) E22[1] entspricht der ÖBB-Reihe 167o.o1-29 !

KILOMETERLEISTUNGEN

LOK / Jahr	E16 01	E16 02	E16 03	E16 04	E16 05	E16 06	E16 07
1934				85 497		99 300	
1935				129 234		104 000	
1936				123 419		72 800	104 100
1937				104 877		78 800	116 600
1938				113 167		95 400	105 400
1939			119 175	121 178		98 600	116 700
1940			67 296	83 747		113 500	89 200
1941			102 209	82 026		108 300	92 200
1942			59 738	86 195	71 153	77 500	77 400
1943	47 900		81 902	74 374	66 994	66 100	85 500
1944	67 300	47 700	78 262	59 142	48 403	61 500	72 200
1945	41 600	18 800	41 340	38 538	24 600	52 400	23 700
1946	7 000	67 586	68 911	70 985	136 952	28 500	91 000
1947	67 800	96 900	56 511	114 453	121 126	123 000	82 500
1948	93 500	86 448	84 949	62 645	29 241	107 000	121 600
1949	79 700	75 552	95 761	77 098	80	114 600	38 700
1950	40.000	58 600	53 268	57 089	113 555	41 600	63 600
1951	109 000	101 103	100 062	127 724	106 409	118 300	110 800
1952	108 300	133 682	103 799	122 822	131 390	135 500	109 400
1953	162 600	151 472	122 929	122 574	122 954	150 300	109 100
1954	134 000	188 200	98 080	130 071	148 817	138 900	179 600
1955	132 000	173 700	144 055	135 314	135 807	119 400	159 500
1956	177 300	158 300	167 528	112 066	106 504	111 700	150 700
1957	123 900	174 900	140 376	83 152	101 746	121 400	164 700
1958		130 300	106 231	68 654	} 354 167	122 500	145 100
1959							160 900
1960					159 043		
1961					161 017		
1962							
1963							
1964	47 100						
1965	75 700						
1966	49 400	52 300	135 539	48 264		43 900	
1967	46 000	54 000	47 215	44 503		87 500	
1968	51 800	54 000	46 800	52 300		52 100	
1969	63 400	62 728	67 346	63 064		68 000	
1970	58 300	66 900	62 200	58 900	71 500	71 800	69 400
1971	62 500	55 200	64 300	42 900	69 200	62 500	62 000
1972	61 300	62 500	68 900	67 400	41 400	56 800	65 400
1973	61 900	61 500	70 178	64 000	-	64 700	59 700
1974	57 500	57 000	62 622	56 200		56 800	1 300
1975	64 300	54 400	60 300	53 700		58 500	-
1976	27 900	42 000	49 200	20 300		39 800	
1977	-	500	-	-		22 800	
1978		-				-	
1979							

LOK / Jahr	E16 08	E16 09	E16 10	E16 11	E16 12	E16 13	E16 14
1934				59 221			
1935				96 451			
1936	89 300			94 228			
1937	86 700			89 096			
1938	119 700			100 527			
1939	88 300			108 210			
1940	101 200			78 007			
1941	96 200			94 472	71 104		
1942	171 000			90 896	99 483		92 430
1943	53 600			104 967	81 270		92 429
1944	74 200			96 641	87 795		66 465
1945	400			8 275	6 899	-	1 911
1946	71 700			-	66 614		41 554
1947	58 400				51 495		79 757
1948	98 000				79 725		92 400
1949	107 200				73 216		79 924
1950	38 300				91 882		
1951	116 700				95 244		
1952	123 100				127 461		
1953	141 500				114 653		
1954	119 900				138 760		
1955	134 300				124 950		
1956	130 700				114 378		
1957	126 800				118 061		
1958	124 200				159 338		
1959					166 889		
1960					140 214		
1961					177 043		
1962	88 800						
1963	100 600						
1964	87 200						
1965	62 300						
1966	43 200						
1967	51 600						
1968	54 100				-		
1969	68 800						
1970	65 800	71 100	71 500				72 600
1971	58 500	65 000	64 600				66 000
1972	57 100	61 100	66 900				62 000
1973	69 100	55 300	60 200				63 900
1974	59 200	61 000	18 000				57 000
1975	60 000	53 400	-				50 900
1976	49 600	52 300					-
1977	43 000	43 500					
1978	8 600	15 400					
1979	-	6 200					

LOK / Jahr	E16 15	E16 16	E16 17	E16 18	E16 19	E16 20	E16 21
1934				124 700	134 679	129 900	139 700
1935				150 500	125 865	113 100	141 400
1936				129 388	75 000	90 500	73 400
1937				74 100	65 800	92 100	84 000
1938				116 900	119 800	107 300	94 500
1939				93 300	104 482	83 300	79 500
1940				81 600	83 657	144 900	136 400
1941				116 800	102 640	118 500	95 100
1942	51 706	76 897		112 100	118 726	113 000	92 900
1943	90 451	79 836		108 600	79 524	47 100	26 300
1944	71 064	59 132	57 037	73 500	103 424	15 700	73 200
1945	29 926	34 056	26 240		19 508	0	39 100
1946	50 743	31 282	77 320		0	72 200	83 600
1947	81 001	73 637	57 111		0	100 800	48 800
1948	78 650	96 832	109 434		0	78 300	68 200
1949	117 132	97 486	112 389		0	48 000	101 900
1950	75 084	30 774	33 542		0	44 300	34 600
1951	116 621	95 825	106 177		3 752	96 400	101 300
1952	118 085	139 733	113 389	101 300	109 261	121 500	165 500
1953	122 461	133 826	119 617	109 700	101 014	166 200	109 000
1954	96 917	130 769	151 769	87 900	117 489	146 700	97 000
1955	113 965	142 945	170 885	122 200	117 489	173 300	147 200
1956	110 783	127 499	119 793	140 500	115 927	118 900	100 000
1957	120 097	142 205	121 121	105 400	106 528	153 400	115 179
1958		153 817	139 018	132 700	125 206	118 800	199 200
1959		158 296	122 265	114 000	125 206		136 000
1960		129 930	214 470	122 200	169 963		151 400
1961		135 084		134 700	163 701		181 000
1962		108 262					
1963						69 800	
1964						18 400	
1965							
1966	69 661		66 362	66 200	93 280	69 800	84 700
1967	60 357		56 911	64 000	58 534	67 200	61 900
1968	54 800		60 300	62 500	64 100	67 200	69 200
1969	62 300		68 469	72 900	72 586	60 100	75 700
1970	77 200	72 300	70 600	62 000	81 800	70 000	77 100
1971	66 100	63 700	52 800	64 100	65 100	68 100	65 000
1972	71 600	300	65 200	68 400	63 700	74 500	77 100
1973	62 300	–	58 100	47 000	56 900	64 500	61 500
1974	47 900		59 200	54 600	49 000	59 400	59 500
1975	13 000		58 200	57 600	51 700	45 100	43 900
1976	–		9 400	46 800	46 600	–	25 900
1977			–	38 500	28 700		–
1978				–	–		
1979							

Bw Freilassing
B/Z1

Anfahrgrenzlasttafel

Streckenabschnitt	Rollachslager %	Triebfahrzeugbaureihen				
		110 112 140	116 001-010	116 011-021	118	194
Mü.Hbf-Rosenheim	80	1810	860	1250	1375	2540
	100	1885	910	1315	1390	2645
Rosenheim-F'lassing	80	1220	565	830	870	1750
	100	1265	585	860	905	1790
Freilassing - Salzburg	80	2575	1275	1800	1920	3000
	100	2715	1350	1905	2015	3000
Salzburg - Freilassing	80	2735	1360	1920	2040	3000
	100	2900	1445	2030	2145	3000
Freilassing - Rosenheim	80	1160	530	785	825	1640
	100	1200	550	810	860	1700
Rosenheim-Mü.Hbf	80	1765	835	1210	1485	2475
	100	1835	885	1280	1555	2575
Freilassing - Reichenhall	80	1680	795	1150	1230	2350
	100	1745	835	1210	1285	2445
Reichenhall - Berchtesgaden	80	305	(90)	(165)	(185)	460
	100	305	(90)	(165)	(185)	460
Berchtesgaden - Reichenhall	80	680	(285)	(435)	(470)	975
	100	690	(290)	(445)	(475)	990
Reichenhall - Freilassing	80	1955	945	1365	1455	2750
	100	2040	1000	1430	1520	2875
Mü.Hbf - Holzkirchen	80	1610	625	915	965	1885
	100	1680	655	955	1010	1965
Holzkirchen - Rosenheim	80	3000	1600	2265	2380	3000
	100	3000	1705	2405	2530	3000
Rosenheim - Holzkirchen	80	1075	490	730	765	1525
	100	1110	505	750	790	1575
Holzkirchen-Mü.Hbf	80	1955	945	1365	1455	2750
	100	2040	1000	1430	1520	2875

Deutsche Reichsbahn

Betriebsbuch

für ~~den Triebwagen~~ die Lokomotive für Wechselstrom 16 2/3 Hz ~~Gleichstrom~~

Stammnummer: E 16 **Ordnungsnummer:** 1614

Achsfolge: 1 AAAA 1.

Gattungszeichen: E 16

Fabriknummer: Brown-Boveri u. Cie 5090 – Krauss u. Comp. 8422

Hersteller des

mechanischen ~~wagenbaulichen~~ Teiles: Krauss u. Comp. München

elektrischen Teiles: Brown-Boveri u. Cie A.G. Mannheim.

Baujahr: 1928/1929.

Tag der Anlieferung: 27. Febr. 1929

Beginn der Gewährleistung: 4. März. 1929

Ende der Gewährleistung: 4. März 1930

Beschaffungsstelle: DR

Vertrag-Nr:

Mechanischer ~~Wagenbaulicher~~ Teil: Krauß vom 30./31.7.27

Elektrischer Teil: BBC vom 6./12.7.27

Beschaffungspreis:

Mechanischer ~~Wagenbaulicher~~ Teil: 97 500 RM

Elektrischer Teil: 244 500 RM

Insgesamt: 342 000 RM

Bescheinigung

über die

Abnahmeprüfung der elektr. Lokomotive E 16 Ordnungs-Nr. 06.

Die für eine höchste Geschwindigkeit von 110 km in der Stunde bestimmte, von der Brown, Boveri & Cie. A. G. und der Lokomotivfabrik Krauss & Cie. A. G zu Mannheim bzw. München im Jahre 1926 angefertigte elektrische Lokomotive Ordnungs-Nr. .... Fabrik Nr. BBC 5044 Krauss 8471 ist einschließlich ihrer Ausrüstungsteile am 10. Februar 1927 der Abnahmeprüfung gemäß § 43 der Eisenbahn-Bau- u. Betriebsordnung für die Haupt- und Nebeneisenbahnen Bayerns unterzogen worden.

Bei der Abnahme ist folgendes festgestellt worden:

An der Lokomotive ist die Eigentumsverwaltung, die Ordnungsnummer der Lokomotive, der Name des Fabrikanten, die Fabriknummer, das Jahr der Anfertigung und die größte nach Maßgabe der Bauart zuläßige Geschwindigkeit angegeben.

Die Lokomotive ist mit 2 Signalpfeifen und — wirksamen Läutevorrichtung ausgerüstet.

An der Lokomotive sind Bahnräumer nach Maßgabe der Bestimmungen in § 36 (4) der B O angebracht.

Die Hauptluftbehälter wurden am 19. August 1925 mit einem Wasserdruck von 13 Atmosphären geprüft.

Die Lokomotive entspricht den Bestimmungen der Eisenbahn-Bau- u. Betriebsordnung

Sie hat am 10. Februar 1927 eine Probefahrt von München bis Landshut und zurück anstandslos zurückgelegt; sie kann daher in Betrieb genommen werden.

Festgestellt:
München, 17. II. 27.
L. Schweiger,
[illegible]

München, den 8. März 1927.

Michel.

Reichsbahnrat?

DEUTSCHE [illegible] GESELLSCHAFT
GRUPPENVERWALTUNG BAYERN

Ein leider stark beschädigtes Dokument aus dem Jahre 1930:
Die Entlassung der E 16 14 aus der Gewährleistung

Deutsche Reichsbahn-Gesellschaft
Maschinenamt München I.

München, den 8. März 1930.

Übernahmeniederschrift für Entlassung von Ellok (Triebwagen) aus dem Gewährleistungsjahr.

Nach Lieferungsvertrag der G B vom . . . .

für Ellok . E. 16.14. . . . .

" E T . . . .

Baufirma des elektr. Teiles . B. B. C. Mannheim . . .

" " mechan. Teiles . Krauß & Co München .

Vorgenanntes Triebfahrzeug hat am . 4. III. 1930 . . . das vorgeschriebene Gewährleistungsjahr nach Vertrag Punkt E Lok Bed. § 10 & 11 erreicht und wird daher mit Wirkung vom . 4. III. 1930 . . . aus der Gewährleistung entlassen.

An Vorbehalten für die von den Firmen noch zu vertretenden und zu behebenden Mängeln an Einzelteilen des fraglichen Triebfahrzeuges wird hiemit aufgeführt und als Behebungsmaßnahme bezw. weitere Bewährungsfristen festgestellt:

A) Mechanischer Teil:

Ausgenommen von der Entlassung aus der Gewährleistung sind nach § 11 des Vertrages:

Die Achsen, Radsterne, Radsätze, Wellen, Kurbeln, Rahmenbleche, für die die Gewährleistungszeit 3 Jahre beträgt, für die Radreifen, für die die Gewährleistungszeit 4 Jahre beträgt.

[illegible] der Radsterne mit gebrochenen Speichen. Ersatz der durch [illegible]suchung der Matt festgestellten, nicht entsprechenden Rad-[illegible]. Federspanner der Laufachsen arbeiten in ihren Supporten [illegible]e knapper Durchführungsöffnung so, daß starke Abnützung der Federspanner auftrifft. Abänderung erbeten.

B) Elektrischer Teil:

Beseitigung des verhältnismäßig schweren Ganges der Steuerung.

Die Bewährung der Totmann-Einrichtung als integrierender Bestandteil der Ellok ist mit ihren Nebeneinrichtungen nicht inbegriffen.

Betriebsnummer 1021 **Blatt** 1

Standorte und Leistungen

1		2		3	4
Bahnbetriebswerk		Reichsbahnausbesserungswerk oder Privatwerk		Leistung in km*) seit der letzten bahnamtlichen Untersuchung des Fahrgestells	Leistung in km*) seit der Anlieferung
Mü Hbf	von … bis 9. 9. 39	Freimann E4	von 10. 9. 39 bis 25. 10. 39		667196
Mü Hbf	von 26. 10. 39 bis 15. 4. 40		von ~~19. 3. 41~~ bis …		
Freilassing	von 16. 4. 40 bis 18. 3. 41		von 19. 3. 41 bis 2. 4. 41		
"	von 3. 4. 41 bis 26. 4. 41		von 27. 4. 41 bis 4. 7. 41		
"	von 5. 7. 41 bis 4. 7. 42	Fahr. Abt. Mü. Hbf RAW Freimann	von 5. 7. 42 bis 8. 8. 42		
"	von 9. 8. 42 bis 3. 11. 42	RAW Freimann Fahr. Abt. Mü. Hbf	von 4. 11. 42 bis 4. 12. 42	331456	998652
"	von 5. 12. 42 bis 21. 12. 42	RAW Mü-Freimann Fahr. Abt. Mü. Hbf	von 4. 12. 42 bis 4. 3. 43		
"	von 4. 3. 43 bis 26. 3. 43	RAW Mü-Freimann Fahr. Abt. Mü. Hbf	von 29. 3. 43 bis 12. 4. 43		
"	von 13. 4. 43 bis 1. 7. 43	Mü-Freim. E3	von 2. 7. 43 bis 19. 1. 44	362286	1029482
"	von 20. 1. 44 bis 26. 7. 44	RAW Mü-Freim. Fahr. Abt. Freilassing	von 27. 7. 44 bis 10. 11. 44		

~~von 13. 2. 45~~
~~bis 15. 2. 45~~
~~von 16. 2. 45~~
~~bis 27. 2. 45~~

*) Die Leistung in Spalte 5 und 6 ist bei jeder Zuführung zum Reichsbahnausbesserungswerk einzutragen. Bei Abgabe des Fahrzeuges an ein anderes Bahnbetriebswerk ist die Leistung seit dem letzten Ausgang mit Bleistift zu vermerken.

991 27 Standorte und Leistungen. A 4 h 6 a 4000 München IX 40 Mühlthaler

Betriebsnummer 1618 Blatt 1

Änderungen

am

mechanischen / wagenbaulichen Teil

Versuchseinrichtungen

1 Lfd Nr	2 im Bw, RAW, Privatwerk	3 Datum	4 Bezeichnung der ausgeführten Arbeiten
1	RAW Mü-Freim.	17.7.41	Verstärkung des Auges für das Federgehänge vom Treibachslagergehäuse 105 (Z-Abtlg.)
[illegible]	[illegible]	[illegible]	[illegible]
3	Krauss-Maffei München-Allach	5.5.50	Bei der Grundüberholung wurden folgende Arbeiten durchgeführt: Verbesserung der Abdichtung der Getriebeschutzkasten mit Gummilippe und Einbau von Abdichtungsmanschetten am Buchlizapfen. Einbau der genormten Sandkasten, Verlegung aus dem Maschinenraum an die Rahmenseite. Verlegung des Batteriekastens von der Rahmenseite in den Maschinenraum. Einbau von Druckluftsander anstelle der Schwerkraftsander. Einbau von Abdeckblechen im Maschinenraum, um das Eindringen von Schnee zu verhindern. Die Stirnwandtüren wurden entfernt. Einbau von 4 Ölkühlertaschen als Trafoölkühler am unteren Wagenkastenbord mit Verbindungsrohren zum Trafo. Ritzelpumpen sind auf Mehrleistung umgebaut. Die 4 Großräder sind aus Stg.50,81 R mit 50 - 55 kg/mm^2 Festigkeit von der Fa. Renk Augsburg, geliefert. RAW München-Freimann [Überwach]ungsstelle [Lokausb]esserung bei Privatwerken
4	Krauss-Maffei AG., Mü-Allach	13.4.51	Pendelschmierung nach Zeichnung 13.443 geändert, Rückstellschmierung nach Zeichng. 13.442 geändert. Laufachslagerschmierung nach Zeichnung TLO SL 22.31 eingebaut. Achslagerschmierdeckel nach Zeichnung 1 A 4, 1-12.251 geändert. RAW München-Freimann Überwachungsstelle Lokausbesserung bei Privatwerken

Betriebsnummer 1020 **Blatt** 1

Änderungen

am elektrischen Teil

Versuchseinrichtungen

1	2	3	4
Lfd Nr	im Bw, RAW, Privatwerk	Datum	Bezeichnung der ausgeführten Arbeiten
1	PAW Krauss-Maffei A.G.	18.5.51	Bei der Grundüberholung wurden folgende Arbeiten ausgeführt: Einbau von Ölkontrollkästen, Änderung der Abdichtung der Wellenstopfbüchse bei der Trafoölpumpe durch Einbau eines Rollenlagers mit Simrit. Austausch der Heizschienen gegen Heizkabel, Einbau einer Gleichrichteranlage, bestehend aus Transformator, Trockengleichrichter mit Lichtschalttafel, Einbau eines kompensierten Erdstromwandlers, Einbau eines neuen Batteriekastens im Apparatebord. Ergänzungsarbeiten ausgeführt: Änderung des Sifaleitungskreises, Einbau der Rückziehvorrichtung für Ölschalter und mechanische Rückstellung v.Erdstromrelais eingebaut. 4 neue Fahrmotorritzel aus Silizium Manganstahl mit 75-80 kg/mm² Festigkeit wurden am 21.4.50 eingebaut.(Lieferfirma: Fa.Renk, Augsburg, geliefert am 15.3.50 als 5.Satz.) EAW München-Freimann Überwachungsstelle Lokausbesserung bei Privatwerken [Unterschrift]
2	[illegible]	27.3.56	Sonderarbeit 3,49/II ausgeführt: Lichtsteckdosen für Pwg angebracht Deutsche Bundesbahn [illegible] Betriebstechnische [illegible] i.V. [Unterschrift]
3.	AW München Freimann	[illegible]	SA 3,62/IIa Hauptschalter mit Sperrmagnet-Auslöse-Relais ausgerüstet. SA 3,74/I: Fudüse eingebaut. [illegible] München-Freimann Betriebstechnische Abteilung i.A. [Unterschrift]

Bahnbetriebswerk
Freilassing

Freilassing, den 15.1.1945

An Bw Mü-Hbf
Bw Mü-Ost
Bf Mü-Süd

Betreff: Aufstoß auf Lok E 1611

Unsere Lok E 1611 war infolge Fliegerangriffes in der vergangenen Woche auf Bf München-Süd eingesperrt. Am 13.1.45 konnte sie dort von uns wieder abgeholt werden.

Dabei mußten wir feststellen, daß die Lok während dieser Zeit einen starken Aufstoß erlitt, wobei der hintere Pufferträger stark eingedrückt wurde.

Wir bitten um Mitteilung, ob Sie uns über den Hergang irgend welchen Aufschluß geben können.

Zweifelsohne wurde dabei auch die auffahrende Lok stark beschädigt. Ein Auflaufen von Wagen dürfte nach dem Ausmaß der Schäden wohl kaum in Frage kommen können.

Bahnbetriebswerk München Hbf

München, den 19. Jan.1945

Mit 1 Beilage

an Bw Freilassing

Betreff: Aufstoß auf Lok E 16 11

Das hiesige Personal hat im Bf München - Süd keine Dienstleistung auszuführen. Von einem Aufstoß im Bf München - Süd, wobei die Freilassinger Lok beschädigt worden sein soll, ist hier nichts bekannt.

[signature]

Pr

INTERESSANTE UNTERSUCHUNGSARBEITEN / BESONDERE VORKOMMNISSE

E16 01

o9.o1.57	MF	Aufstoßschäden behoben; Rahmenriß hinten rechts geschweißt

E16 02

o7.o8.69	MF	Unfallschäden behoben, Pufferträger ausgerichtet

E16 03

o3.31	Mü.Hbf	Überschlag am Trafo behoben; 35 Tage nicht in Betrieb
27.12.56		Flankenfahrt im Bahnhof Salzburg

E16 04

11/12.3o	Mü.Hbf	Überschlag am Nebenschluß-Widerstand beseitigt; 16 Tage nicht i.B.
o7.1o.44	MF	Fliegerschaden; hinterer Führerstand ausgebrannt: neu hergestellt
18.1o.54		Zusammenstoß mit Pkw
29.1o.54	MF	Aufstoßschäden (s.o.) behoben; Rahmenrisse geschweißt
2o.o8.71	MF	Aufstoßschäden behoben; mit 118 oo2 Zusammenprall mit 15 km/h im Bahnhof Traunstein

E16 05

27.o2.42	MF	Aufstoßschäden behoben
31.o8.44	MF	Fliegerschäden behoben
19.12.44	MF	Fliegerschäden behoben
29.o9.54	MF	Unfallschäden behoben; Pufferträger warm gerichtet
16.12.54	MF	Entgleisungsschäden behoben
29.o4.69	MF	Entgleisungsschäden behoben

E16 06

24.o3.72	Freil.	Flankenfahrtschäden behoben

E16 09

11.3o	Mü.Hbf	Speichenbruch Achse 4; 9 Tage nicht in Betrieb

E16 10

o6.31	Mü.Hbf	Kollektoren schadhaft; 36 Tage nicht in Betrieb

E16 11

1o.o2.4o	MF	Pufferschäden, Rahmenschäden; Führerstand und Fenster instand gesetzt

E16 12

1o/11.3o	Mü.Hbf	Scharfe Spurkränze abgedreht; 46 Tage nicht in Betrieb
o5.31	Mü.Hbf	Laufwerksschaden; 14 Tage nicht in Betrieb

E16 16

o6.o7.46	MF	Aufstoßschäden (Rahmenriß, beide Pufferträger neu) behoben
17.o9.54		Lok bei Einfahrt mit F39 in Bf. Salzburg an schadhafter Weiche mit 25 km/h entgleist
28.12.54		Lok im Bf. Freilassing mit sämtlichen Achsen entgleist; Geschwindigkeit ca. 1o-15 km/h

E16 17

22.o1.42	MF	Im Rahmen der Sonderarbeit 90 Hoheitszeichen angebracht
16.o9.69	MF	Unfallschäden Führerstand 1 beseitigt
o6.1o.71	MF	Unfallschäden behoben

E16 19

18.o9.41	MF	Hoheitszeichen angebracht
3o.o7.43	MF	Aufstoßschäden behoben (Neue Pufferträger, Rahmenwangen gerichtet
21.12.51	MF	E4; Vollkommen ausgebrannte Lok wieder hergestellt
1o.o2.55	MF	Nachlaufsteuerung ausgebaut; normale Handsteuerung eingebaut. Zwei Fahrschalter abgeändert. Sonderarbeit 3/24 I: Spurkranzschmierung eingebaut
1o.o1.57	MF	Molykote-Schmierversuche: Schmierung an Achsschenkeln, Bremszylindern, Achslagern und Gleitplatten

E16 20

24.o6.54		Neuabnahmefahrt Freimann-Freising u.z.
16.1o.69	MF	Entgleisungsschäden behoben

116 oo8 fährt am 26.o2.78 mit N45o9 dem Bahnhof München Ost entgegen, aufgenommen am Nockherberg. *Aufnahme: Andreas Braun*

1 ten Juni 1933 ab

Zulässige Arbeitszeit .... Std.

für 20 Personale und 10 Lokomotiven Reihe E16/E17

Bw: München I

Lokstation: ....

Tag	Leistungen (0–24 Uhr)	km
1	Mü. · 25 1003 34 · Reg. · 45 850 00 · 44 D 38 00 · Stuttg.	514
2	St. · 20 D 94 33 · 45 D 35 40 · Sa. · 33 D 16 56 · 48 D 912 2 · Au. · 36 852 30	668
3	38 D 32 22 · St. · 30 D 120 26 · 6 D 166 10 · 31.V.-1.X.! · Mitt	594
4	Mitt. · 23 D 161 46 · 1.VI.- 2.X.! · 00 D 42 20 · 1.VII.-5.IX.! · Ku. · 30 D 25 55	216
5	00 D 17 59 · Freil. · 1.VI. – 15.IX.! · 14 D 20 15	288
6	53 1363 7 · Gar. · 50 D 162 20 · Mitt. · 18 D 163 29 · 00 1013 55 · Reg.	375
7	Reg. · 23 D 26 20 · 50 855 2 · Reg. · 3 856 14 · 45 D 11 54 · Sa.	507
8	Sa. · 25 D 32 21 · 28 D 39 14 · Au · 23 D 88 10 · 10 D 87 56 · Au · 46 D 58 34 · 45 D 49 31 · Au	463
9	Au · 55 848 56 · 15 D 13 30 · Sa. · 27 D 38 25 · 30 D 18	603
10	D 18 00 · St. · 40 D 37 38 · Mü · Mü	241

Deutsche Reichsbahn-Gesellschaft.

Dienstplan Nr. 2

Gültig vom: 18ten Januar 1942 ab.

Zulässige Arbeitszeit .... Std.

für 8 Personale und 4 Lokomotiven der Bauart E16 dopp. bes.
für . . 1 . . . E16 mf. "

Für: Rosenheim
Bw: Rosenheim
Lokstation:

Tag

Zugdienst.
Verschiebedienst.
Bereitschaftsdienst.

V — Vorspann. Lv — Leervorspann. D — Druckdienst.

Dienst der Personale und Lokomotiven.

○○○○○ Leerfahrt.
××××× Fahrgastfahrt.
----- Vorbereitungs- und Abschlußdienst

Tag

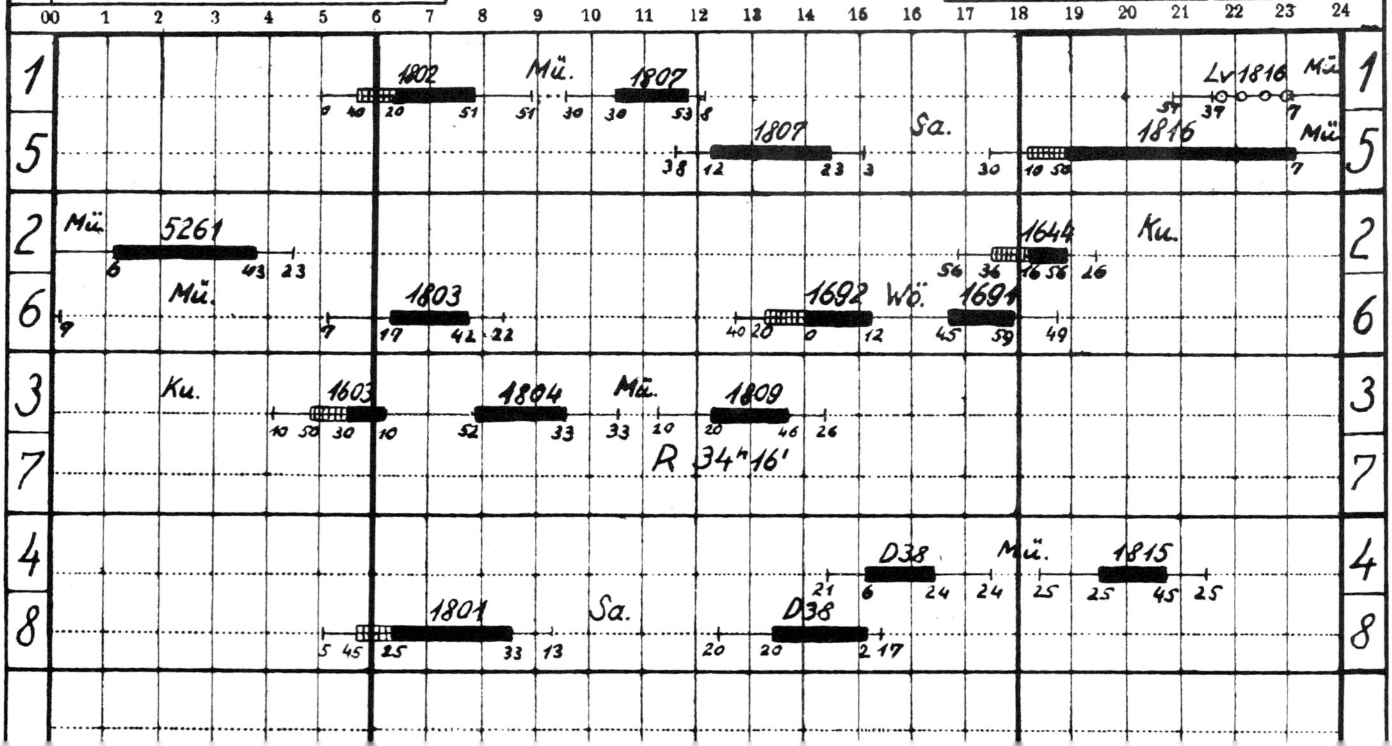

LAUFPLAN DER TRIEBFAHR UGE

Deutsche Reichsbahn

GÜLTIG vom 2. Nov. 1942

Tfz.Zahl 1/5 BR E16

Laufkm/Tag 245/239

Personal-Bw

tgl

MÜNCHEN

Heimat-Bw: Rosenheim

Einsatz-Bw:

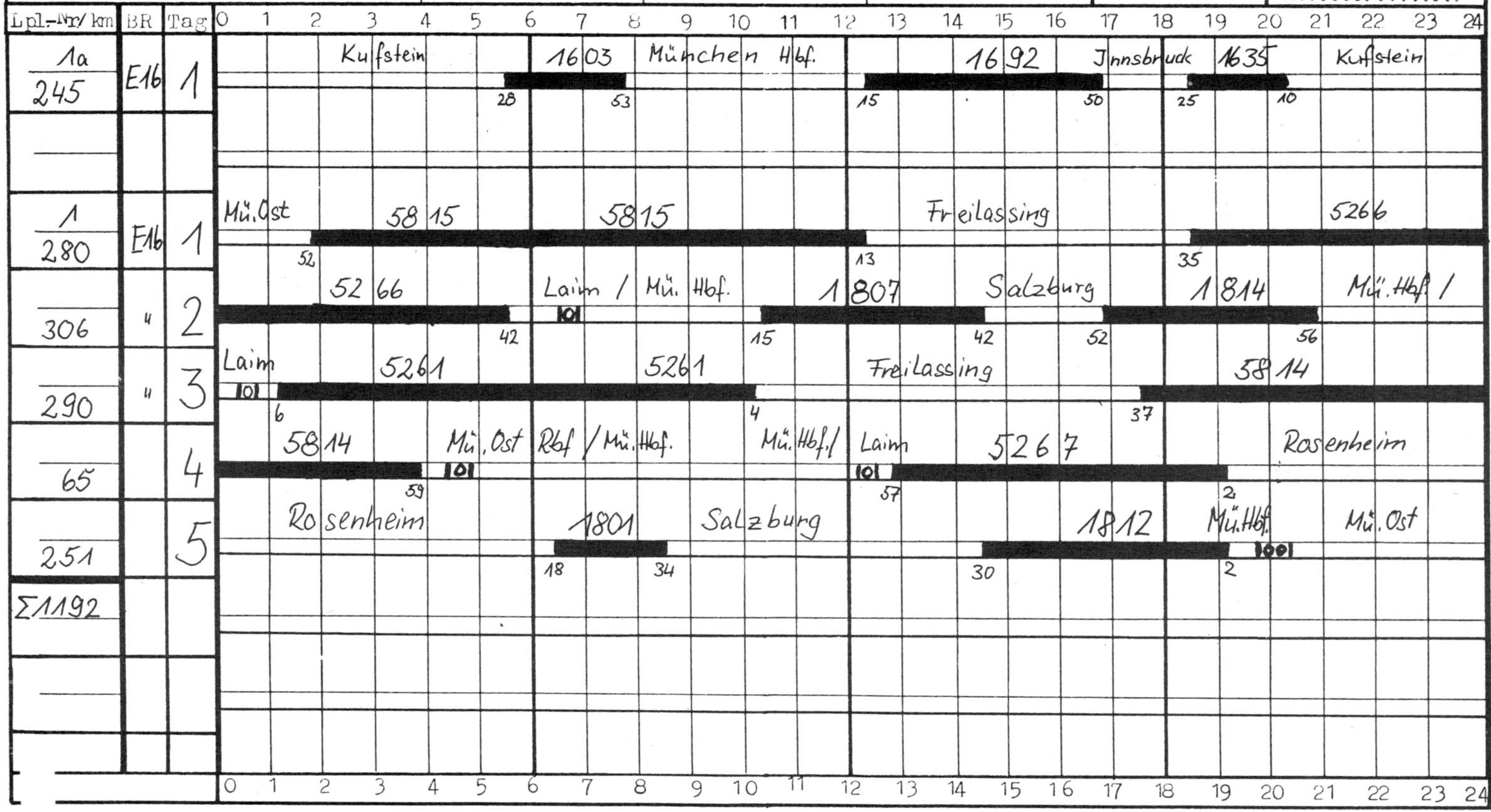

RBD MÜNCHEN
BW: Freilassing

Lokomotivumlauf

Gültig ab 7.10.46
W.-Fahrplanabschnitt 1946

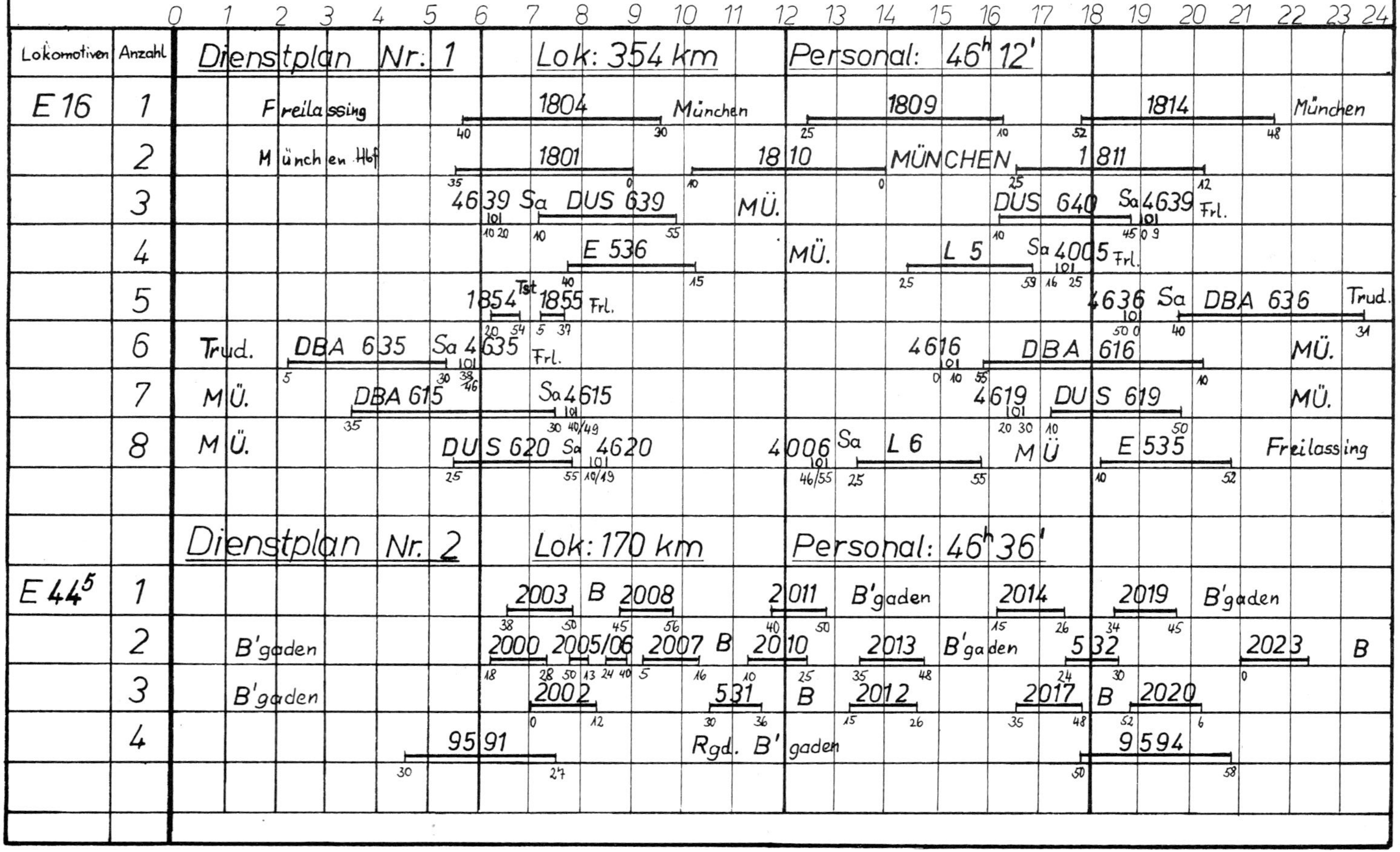
0 1 2 3 4 5 6 7 8 9 10 11 12 13 14 15 16 17 18 19 20 21 22 23 24
Lokomotiven
Anzahl
Dienstplan Nr. 1
Lok: 354 km
Personal: 46h 12'
E 16
1
Freilassing
1804
München
1809
1814
München
2
München Hbf
1801
1810
MÜNCHEN
1811
3
4639 Sa DUS 639
MÜ.
DUS 640
Sa 4639 Frl.
4
E 536
MÜ.
L 5
Sa 4005 Frl.
5
1854 Tst 1855 Frl.
4636 Sa DBA 636
Trud.
6
Trud.
DBA 635
Sa 4635 Frl.
4616
DBA 616
MÜ.
7
MÜ.
DBA 615
Sa 4615
4619
DUS 619
MÜ.
8
MÜ.
DUS 620 Sa 4620
4006 Sa L 6
MÜ
E 535
Freilassing
Dienstplan Nr. 2
Lok: 170 km
Personal: 46h 36'
E 44⁵
1
2003 B 2008
2011 B'gaden
2014
2019 B'gaden
2
B'gaden
2000 2005/06 2007 B 2010
2013 B'gaden
532
2023 B
3
B'gaden
2002
531 B
2012
2017 B 2020
4
9591
Rgd. B'gaden
9594

Auszug aus dem Bespannungsverzeichnis der schnellfahrenden Reisezüge ab 8.10.1950 mit BR E16

Zug-Nr.	Bespannungsabschnitt	Bw
a) Züge der Besatzungsmächte		
DUS 619	Garmisch - München	Garmisch
DUS 620	München - Garmisch	Garmisch
DUS 639	Salzburg - München	Freilassing
DUS 640	München - Salzburg	Freilassing
b) D- und E-Züge		
FD 5 Orient-Expr.	München - Salzburg	Freilassing
FD 6 -"-	Salzburg - München	Freilassing
FD 19	München - Freilassing	Rosenheim
FD 20	Freilassing - München	Rosenheim
D 64	Kufstein - München	Rosenheim
D 66	Kufstein - München	Rosenheim
D 67	München - Kufstein	Rosenheim
E 160	München - Garmisch	Garmisch
E 160	Garmisch - Mittenwald	Garmisch
E 161	Garmisch - München	Garmisch
E 164	München - Mittenwald	Garmisch
E 165	Mittenwald - München	Garmisch
E 167	Mittenwald - Garmisch	Garmisch
E 168	München - Garmisch	Garmisch
E 533	München - Freilassing	Freilassing
E 534	Freilassing - München	Freilassing
E 535	München - Freilassing	Freilassing
E 536	Freilassing - München	Freilassing

Abkürzungen in den Laufplänen:

Au	:	Augsburg	Mh(h)	:	München Hbf.	Ts	:	Traunstein
Sa,Sz	:	Salzburg	Nh	:	Nürnberg Hbf.	Ml	:	Mü.Laim
St	:	Stuttgart	Pl	:	Pleinfeld	Mop	:	Mü.Ost Pbf.
Ku	:	Kufstein	Na(u)	:	Mü.Neuaubing	La	:	Landshut
Ro	:	Rosenheim	Paa	:	Pasing Abstbf.	Gb	:	Grafing Bf.
Tl	:	Treuchtlingen	Fl	:	Freilassing	Ues	:	Übersee

Deutsche Bundesbahn

Fl Blatt 1.

Laufplan der Triebfahrzeuge

BD München	Einsatz / Personaleinsatz-Bw	Triebfahrzeuge	Zahl	BR	Zahl	BR	Zahl / BR
MA Rosenheim		Bedarf nach Laufplan	4	E 16	1	E 16	1/1 E 16
Heimat-Bw [redacted]		Bedarf für Ausw./Rev.					Sonderlok
		Gesamtbedarf					
Freilassing		Laufleistung km/Tag	591		386		

gültig vom 22. V – 30. IX. 1955 an (Tel BD Mü 1111)

ungültig vom ... an

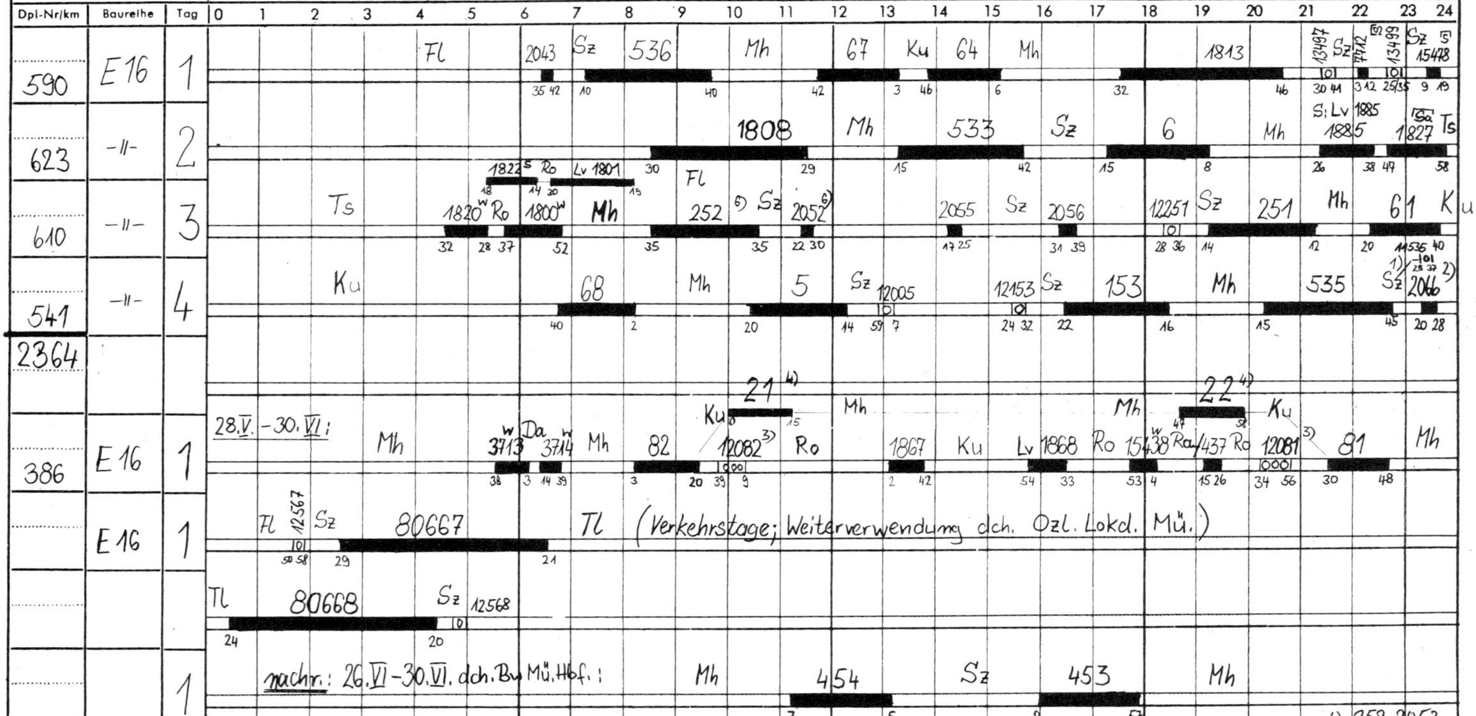

1) S, Mi, Sa 2.VII – 11.IX.

2) 11535, wenn 2066 nicht verkehrt; 2066 nur S, Mi, Sa 2.VII – 11.IX!

3) wenn F 21/22 nicht verkehrt

4) 25/26.VI – 3./4.IX und 17/18.XII.55 bis 17/18.III.56

5) Wenn F 21/22 verkehren, dann 1867, Lv 1868, 15438/437 mit Sonderlok Bw Rosenheim

6) 252, 2052 an S Lok Bw Rosenh.

Bespannungsübersicht der Schnellzüge der DB zum Sommer 1955

Baureihe E16

Zug-Nr.	Bespannungsabschnitt	Bw
F 5 Orient-Expr.	München - Salzburg	Freilassing
F 6 "	Salzburg - München	Freilassing
D 19	München - Freilassing	Rosenheim
D 20	Freilassing - München	Freilassing
F 21	Kufstein - München	Freilassing
F 22	München - Kufstein	Freilassing
D 32	Salzburg - München	Rosenheim
F 39 Mozart	München - Salzburg	Rosenheim
F 40 "	Salzburg - München	Rosenheim
D 61	München - Kufstein	Freilassing
D 64	Kufstein - München	Freilassing
D 66	Kufstein - München	Rosenheim
D 67	München - Kufstein	Freilassing
D 68	Kufstein - München	Freilassing
D 69	München - Kufstein	Rosenheim
D 81	Kufstein - München	Rosenheim
D 82	München - Kufstein	Rosenheim
D 87 Austria-Expr.	Salzburg - München	Freilassing
	München - Treuchtlingen	Garmisch
D 88 Austria-Expr.	München - Salzburg	Freilassing
F 153	Salzburg - München	Freilassing
D 170	München - Garmisch	Garmisch
D 188	Treuchtlingen - München	Garmisch
F 251	Salzburg - München	Freilassing
F 252	München - Salzburg	Freilassing
D 263	Salzburg - München	Rosenheim
D 264	München - Salzburg	Rosenheim
D 289	Salzburg - München	Freilassing
D 290	München - Salzburg	Freilassing
D 363	Freilassing - München	Rosenheim
D 364	München - Freilassing	Rosenheim
D 651	Salzburg - München	Rosenheim
D 652	München - Salzburg	Rosenheim

Bespannungsübersicht für Schnell- und Eilzüge der DB zum Sommer 1961, Baureihe E16 Bw Freilassing (19 Maschinen)

Zug-Nr.	Bespannungsabschnitt	Zug-Nr.	Bespannungsabschnitt
F 5	München - Salzburg	D 187	Salzburg - München
F 6	Salzburg - München	D 188	München - Salzburg
D 10	Freilassing - München	D 251	Salzburg - München
D 11	München - Freilassing	D 252	München - Salzburg
D 13	München - Freilassing	D 263	Salzburg - München
D 14	Freilassing - München	D 264	München - Salzburg
D 15	München - Salzburg	D 453	Salzburg - München
D 16	Salzburg - München	D 454	München - Salzburg
D 17	München - Freilassing	D 528	München - Salzburg
D 19	München - Freilassing	E 540	Kufstein - München
D 20	Freilassing - München	D 651	Salzburg - München
D 31	München - Salzburg	D 652	München - Salzburg
D 32	Salzburg - München	D 672	München - Kufstein
D 41	München - Salzburg		
D 42	Salzburg - München		
D 46	Salzburg - München		
D 61	München - Kufstein		
D 62	Kufstein - München		
D 63	München - Kufstein		
D 64	Kufstein - München		
D 65	München - Kufstein		
D 66	Kufstein - München		
D 67	München - Kufstein		
D 68	Kufstein - München		
D 69	München - Kufstein		
D 70	Kufstein - München		
D 71	München - Kufstein		
D 81	Kufstein - München		
D 82	München - Kufstein		
D 89	Salzburg - München		
D 90	München - Salzburg		
D 142	Salzburg - München		
F 153	Salzburg - München		

Deutsche Bundesbahn

2 Fl

BD München	Einsatz / Personaleinsatz-Bw	**Laufplan der Triebfahrzeuge**	Triebfahrzeuge	Zahl 5, BR E16
MA Rosenheim, Mü 3	Ingolstadt ⊠⊠⊠⊠		Bedarf nach Laufplan	5 E16
Heimat-Bw ▬	Treuchtling. ○○○	gültig vom 27. Sept. 1964 an	Bedarf für Ausw./Rev.	
Freilassing			Gesamtbedarf	
		ungültig vom an	Laufleistung km/Tag	

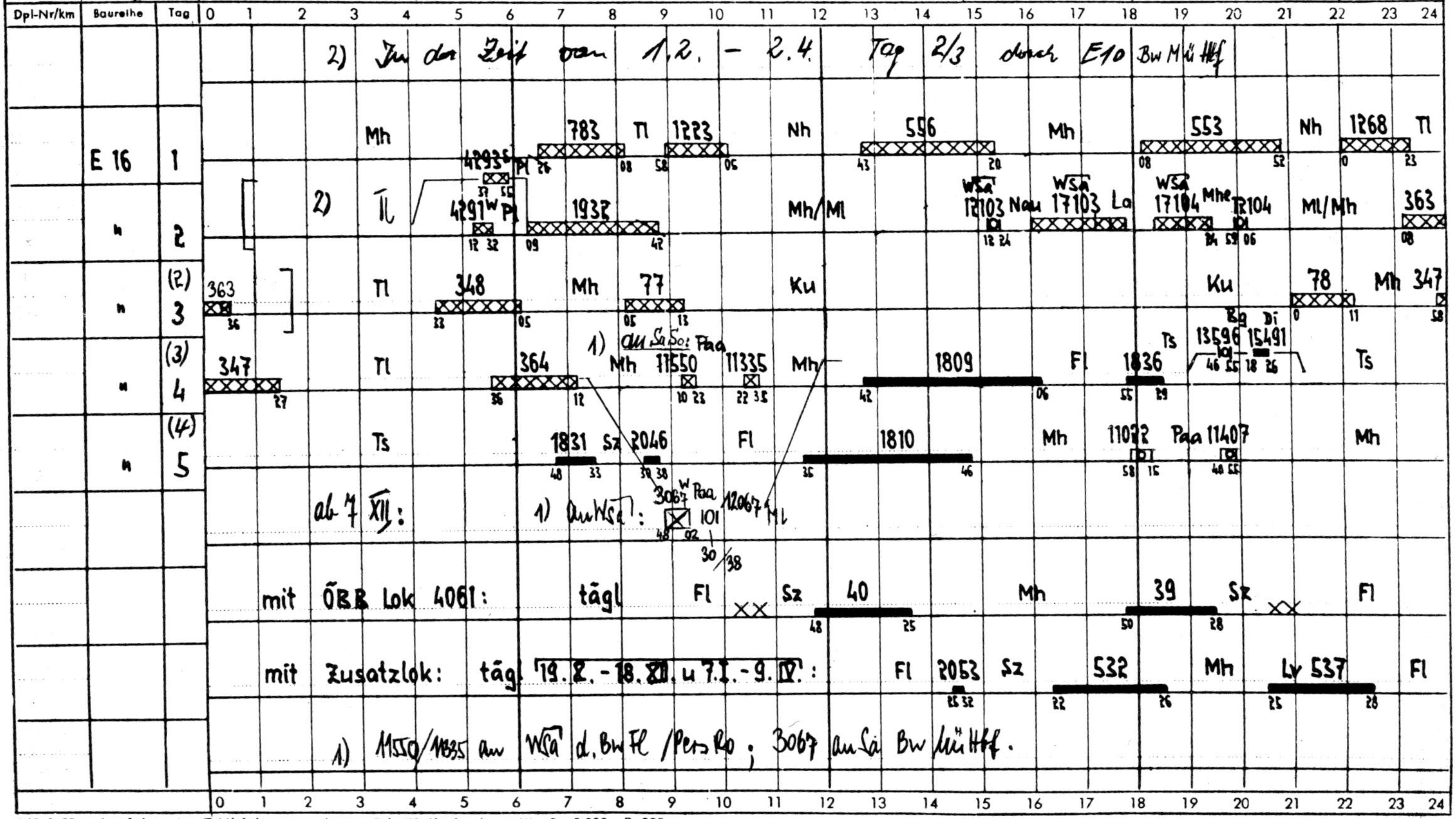

948 I 01 Laufplan der Triebfahrzeuge A 4 q 5 b 70 Karlsruhe VIII 63 5 000 B 222

LAUFPLAN DER TRIEBFAHRZEUGE

DB

GÜLTIG vom 22. MAI 1966

Laufpl.Nr.	02.16		02.16	
Tfz.Zahl / BR	8	E16	2	E16¹
Laufkm/Tag	284		365	

Personal-Bw

Verkehrstag: W Sa

BD: MÜNCHEN

Heimat-Bw: Freilassing

Einsatz-Bw:

Lpl-Nr/km	BR	Tag	Laufplan (0–24 Uhr)
02.16 188	E16 01-17	1	Rosenheim – 16440 Sp 16441 Ko – 1805 – Sz 101 – Freilassing – 1814 – Rosenheim; 28 40 0 19 44 59 24 12
240		2	Rosenheim – 1802 München 1807 Ro 1807 Freilassing 1836 Traunstein; 37 00 54 20 1 42 56 28
268		3	Traunstein – 1831 Sz 11188 FL 11183 Sz 101 FL – 1810 Ro 1810 München 1815 – Rosenheim; 49 35 30 44 6 14 35 20 41 50 32 42
429		4	Rosenheim 11821 Pr 1804 München 11408 Paa 11335 München 1811 Fl 1816 München; 10 35 54 44 0 13 10 33 12 52 22 52
441		5	München 1801 Ro 1801 FL 1808 München 1813 Freilassing; 48 55 19 30 45 35 32 26
200		6	Freilassing 1806 München / München-Laim 12382 101 Freimann 4382 München 11174 Paa 14507 Mhe 101 Mü-Laim /; 40 51 35 54 58 22 10 23 35 56
237		7	München 645 Landshut 642 München 11590 Paa 11055 München 1817 Rosenheim; 0 0 48 45 56 8 12 35 58 06
204		8	Rosenheim 1855 Ku 1856 Rosenheim 1865 Kufstein 1868 Rosenheim 1875 Ku 1878 Rosenheim; 16 58 46 25 4 48 31 7 15 57 26 3
02.16 331	E16 18-21	1	München 1861 Kufstein 1864 Rosenheim 1871 Kufstein 1874 München 1819 (Sa) Rosenheim; 15 25 47 23 18 55 28 25 34
399	″	2	Rosenheim 1800 (W Sa) München 252 Salzburg 11805 Freilassing 2051 Salzburg 101 Freilassing 12438 10 Salzburg 438 Freilassing 538 München; 10 22 55 40 22 30 14 22 52 00 45 54 16 13

LAUFPLAN DER TRIEBFAHRZEUGE

DB

GÜLTIG vom 31. MAI 1970

Laufpl.Nr.	02.11
Tfz.Zahl / BR	6 / 116
Laufkm/Tag	262

Verkehrstag: tgl

BD: MÜNCHEN

Heimat-Bw: Freilassing

Einsatz-Bw:

Personal-Bw

Lpl-Nr/km	BR	Tag	0–24
464	116	1	Rosenheim 2802 w Mh 2807 Ro 2807 Freilassing 2814 Mh 2819 Ro
268	"	2	59 55 21 7 45 23 38 18 36 / Rosenheim [Sa] w 52804 Pr 2804 36 Ro 2804 München Mh 2815 w[Sa] Ro 5951 w[Sa] Ku Nr 6876 w[Sa] Ro
290	"	3	1 26 54 22 35 45 37 38 21 16 / Rosenheim 2800 w[Sa] Mh 50624 Paa 10624 ML ML 13911 Na 73913 w Fr,Sa La 73914 w[Sa] Mhe ML Mh 52332 13416 Mh 50516 Paa 13516 / 11 26 45 56 27 36 6 18 1 55 15 14 15 29 53 06 0 14 39 48
			an Fr: ML 13911 Na 73911 Fr La 73914 Mhe
196	"	4	München 13902 Paa 53902 [Sa] Ge 3902 [Sa] Mh 51800 Paa 50267 Mh Mh 50363 Paa 50551 Mh 2817 w[Sa] Ro 2871 an Fr: Ku Ro / 51 35 15 14 25 0
136	"	5	von 2871 Fr/Sa an Sa/So: 55 8 37 38 9 4 42 56 15 29 35 47 10 24 57 9 / Rosenheim 2841 w[Sa] Ku 2842 Ro 2851 S Ku – an So Ro 2859 w Ku 2866 w[Sa] Rosenheim / 15 54
216	"	6	14 56 44 26 24 0 38 16 an Sa Ro 2871 Ku an Sa / Rosenheim 19440 S w 19441 w Ro 2847 w Ku 2850 w Ro 2853 w Ku 2856 R 0 an Sa: 2865 Ku 2868 [Sa] Ro senheim
	an Sa	2	30 42 2 14 8 42 41 17 5 49 34 10 24 7 11 17 / Rosenheim 2804 München 1869 Sa 5282 4 Ro 2865 Ku 1964 Sa München
	an So	(5)	München (von Tag 4 Sa!) 45 Mh Mh 22 2809 54 Ro 14 52 2859 So Ku 24 7 42 2866 S 12 Mh 52802 S Ro / 40 53 24 0 38 16 35 49

Laufplan der Triebfahrzeuge

Laufplan Nr.		02 03		02 04	
Tfz. Zahl	BR	14	116	1	116
Laufkm/Tag		225		72	

Gültig vom 28.5.1972

Verkehrstag: WSa

BD München

Heimat-Bw: Freilassing

Einsatz-Bw:

Ingolstadt XXX · Treuchtlingen OOO · Rosenheim · München-Hbf

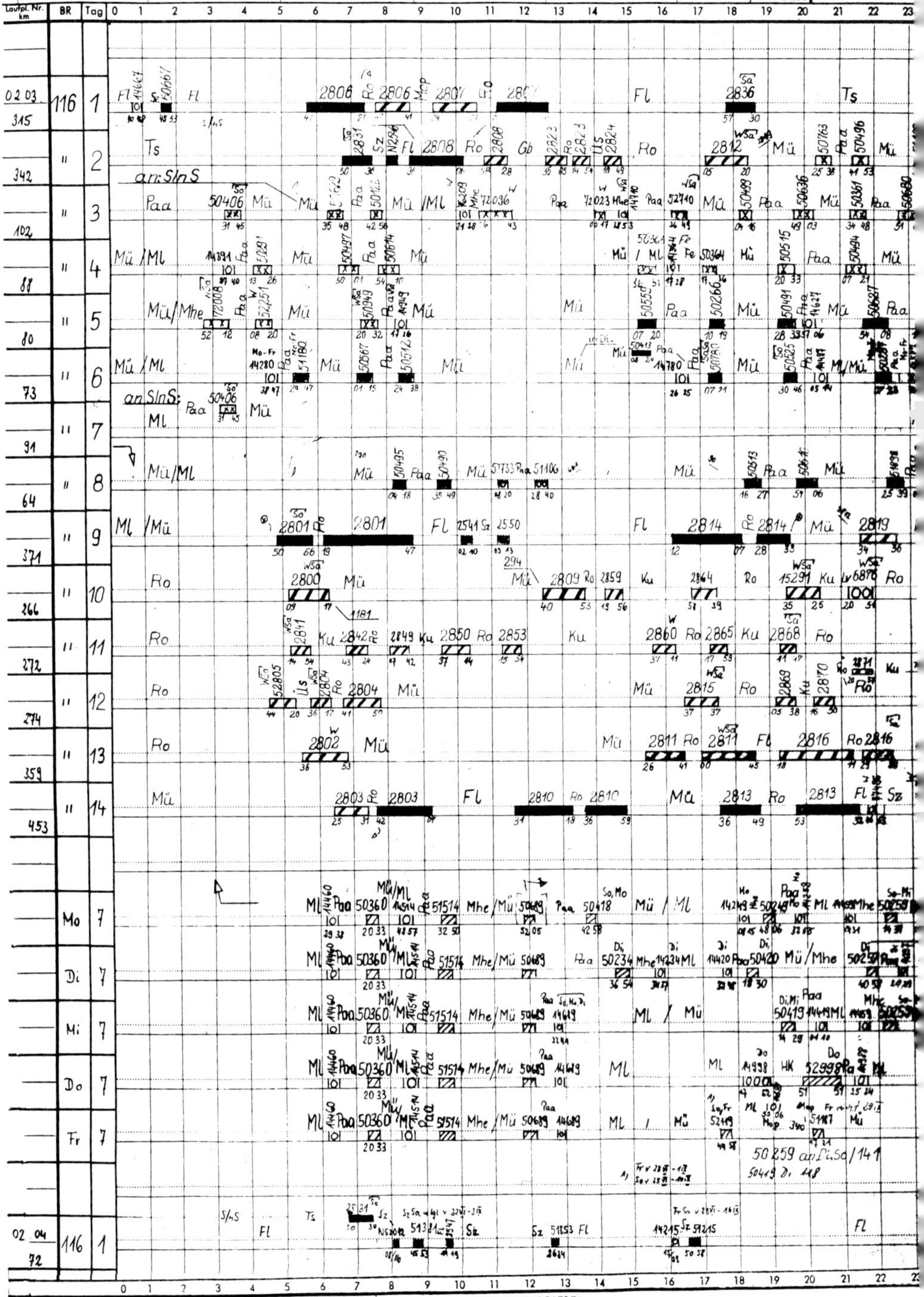

Deutsche Bundesbahn

Laufplan der Triebfahrzeuge

Laufplan Nr.	502.03
Tfz. Zahl / BR	4 / 116
Laufkm/Tag	203
Gültig vom	26.09.76
Verkehrstag	WSa
BD	München
Heimat-Bw	Freilassing
Einsatz-Bw	
Rosenheim	

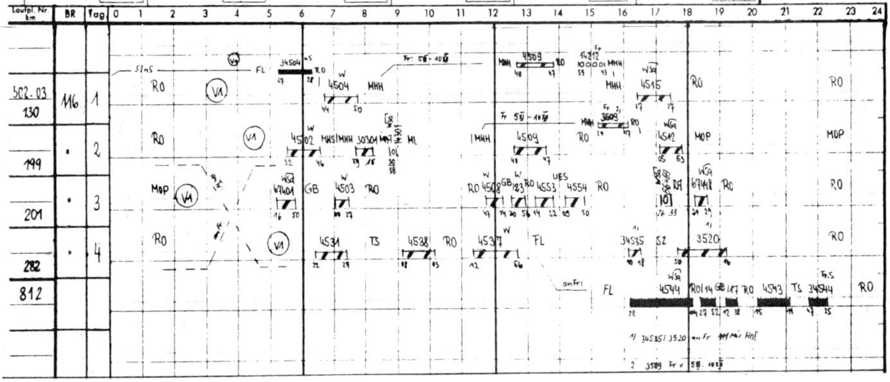

Deutsche Bundesbahn

Laufplan der Triebfahrzeuge

Laufplan Nr.	502.04
Tfz. Zahl / BR	3 / 116
Laufkm/Tag	202
Gültig vom	22.05.1976
Verkehrstag	WSa
BD	München
Heimat-Bw	Freilassing
Einsatz-Bw	
Rosenheim	
München Hbf	

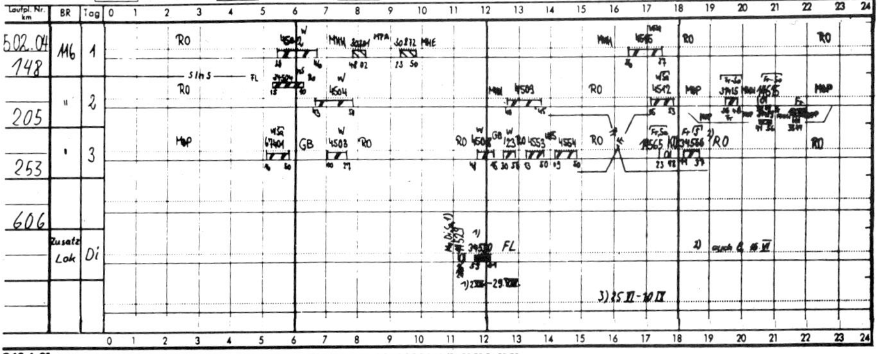

Deutsche Bundesbahn

Laufplan der Triebfahrzeuge

Laufplan Nr.	502 04
Tfz. Zahl / BR	2 / 116
Laufkm/Tag	
Gültig vom	25.09.1977
Verkehrstag	WSa, Sa, S
BD	München
Heimat-Bw	Freilassing
Einsatz-Bw	
Rosenheim	

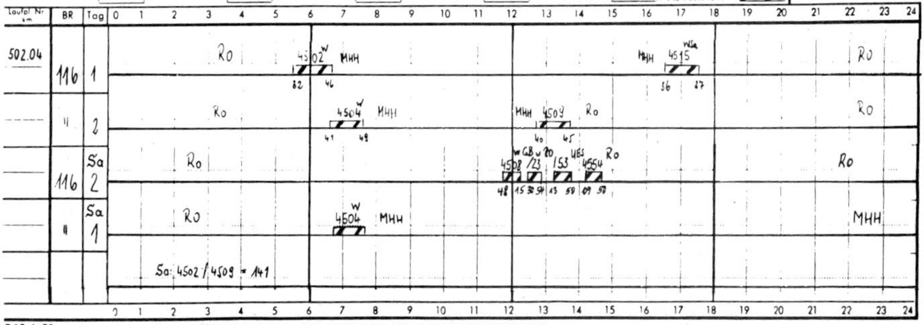

1
1
116 009-2

BILDTEIL

Abbildung oben und gegenüberliegende Seite: Die erst zwei Wochen alte 21 002 (später E16 02) fährt bereits am 10.6.26 Planleistungen auf der Strecke zwischen München und Mittenwald. Erstes Bild: Der D166 aus München bei einem Halt in Eschenlohe. Zweites Bild: 21 002 am gleichen Tag mit dem Gegenzug im Bhf Mittenwald. Aufnahmen: BBC

D167 im Bhf Mittenwald mit 21 002 im Juni 1926 kurz vor der Abfahrt nach München. Aufnahme: BBC

H
ES1
21002
H

E16 05 im Sommer 1935 vor dem weiß-blauen Karwendelexpress in Mittenwald. Aufnahme: Ernst Schörner

E16 07 bei ihrer Anlieferung im Februar 1927. Sie ist die erste ES1, die mit DRG-Nummer geliefert wurde. Aufnahme: BBC

E16 19 auf dem Werkgleis der Fa. Maffei im Englischen Garten in München bei der Anlieferung im Jahr 1932. Aufnahme: DB-Archiv

Ebenfalls auf dem Werkgleis, nur ein Stück weiter, auf der Höhe des Nordfriedhofs (links im Hintergrund die Aussegnungshalle). Bei der Fusion von Krauss und Maffei wurde das Werk Maffei im Englischen Garten aufgelöst, und damit auch der lange Werkanschluß abgetragen. Aufnahme: Archiv Dr.Scheingraber

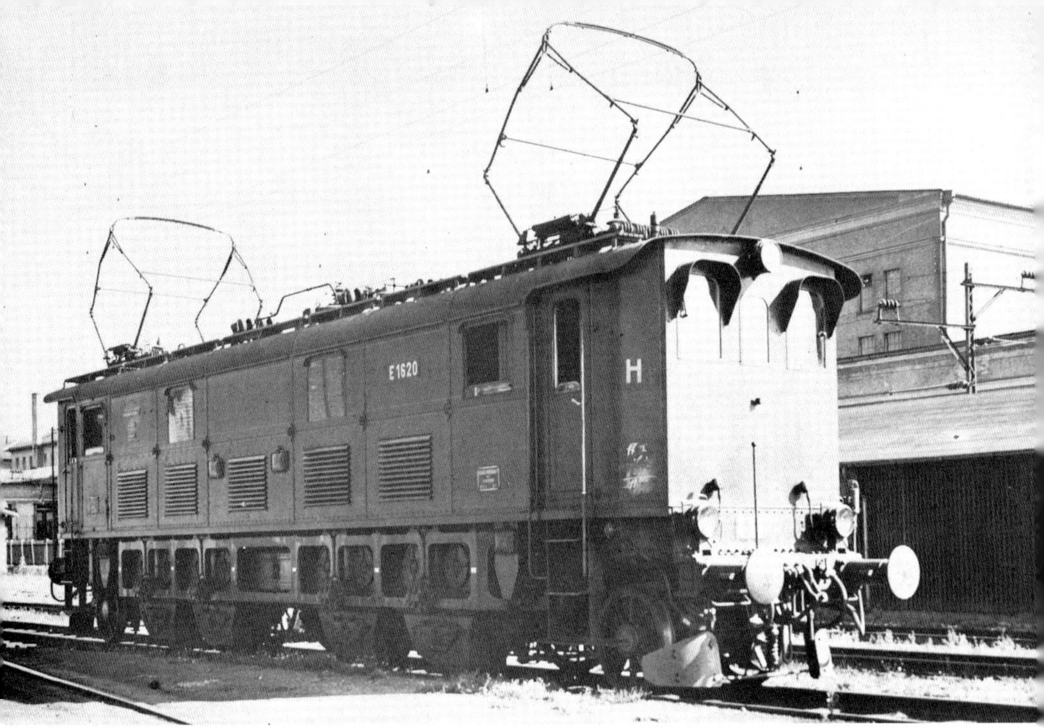

E16 20 am 17.6.33 beim BW München I. Aufnahme: BBC

E16 09 in den Jahren um 1930 vor dem Ellokschuppen im BW München I. Aufnahme: Archiv Bellingrodt

Eine E16 und eine S3/6 aus dem RAW München-Freimann kommend auf einer Probefahrt. Aufgenommen ist dieses Duett um 1930 bei Freising.
Aufnahme: E. Schörner

In den Dreißiger-Jahren kamen die E16 auch zweimal täglich nach Stuttgart. Hier sehen wir einen Schnellzug in Ulm. Aufnahme: Meisenburg

E16 07 mit Personenzug Rosenheim - Kufstein in Rosenheim. Sommer 1939
Aufnahme: Friedrich Seitz

E16 13 etwa 1940 in München. Diese Lok überlebte den Krieg leider nicht.
Aufnahme: DB-Archiv

Zwei Fotos der E16 19 kurz nach dem Krieg:
Oben : E16 19 im AW München-Freimann.
Unten: Kurze Zeit später steht der ausgebrannte Lokomotivkasten und der Rahmen auf dem Werkgleis von Krauss-Maffei in Allach, um wieder in Stand gesetzt zu werden. Aufnahmen: Sammlung Streil

2
2
E16 21

E16 04 Anfang der 50er-Jahre vor einem Schnellzug in München Hbf. Damals war die E16 im Schnellzugdienst unentbehrlich. Aufnahme: Archiv DB

Foto gegenüber: E16 21 in der Nachkriegszeit im zerstörten Münchner Hbf. Aufnahme: Archiv Heinz Skrzypnik

E16 08 am 21.2.53 vor einem Schnellzug abfahrbereit in München. Im Hintergrund sieht man noch die im Krieg beschädigte Kuppel des Verkehrsministeriums. Aufnahme: Dr. Scheingraber

Das waren noch Zeiten: E16 08 mit einem Bilderbuchpersonenzug auf dem Weg nach Rosenheim. Aufgenommen vor der Autobahnbrücke bei Bergen am 6.7.53.

Eine Aufnahme mit besonderer Romantik: E16 10 bei der Ausfahrt aus Prien Richtung Freilassing am 23.7.54. Beide Aufnahmen: Dr. Scheingraber

E16 12 kreuzt die Autobahn bei Bergen mit D42 nach München am 14.5.57. Aufnahme: Dr. Scheingraber

E16 20 am 14.3.54 in München Hbf. Aufnahme: Archiv DB

E16 12 vor einem Eilzug nach München in Salzburg Hbf am 29.8.56. Man erkennt bei dieser E16 besonders deutlich die ehemaligen Übergangstüren an der Stirnseite. Aufnahme: Archiv DB

E16 20 vor einem Personenzug nach Rosenheim am 27.10.57 in München Hbf. Die Loknummern waren damals nur aufgemalt. Aufnahme: Harald Schönfeld

In der Zeit um 1962 wurde auch Nürnberg planmäßig von der E16 angefahren. E16 19 wartet am 16.11.62 in Nürnberg Hbf auf ihren Zug nach München. Aufnahme: Archiv DB

Die gleiche Lok mit dem Schnellzug Kassel - München bei einem Zwischenhalt in Treuchtlingen an Weihnachten 1962. Aufnahme: Friedrich Seitz

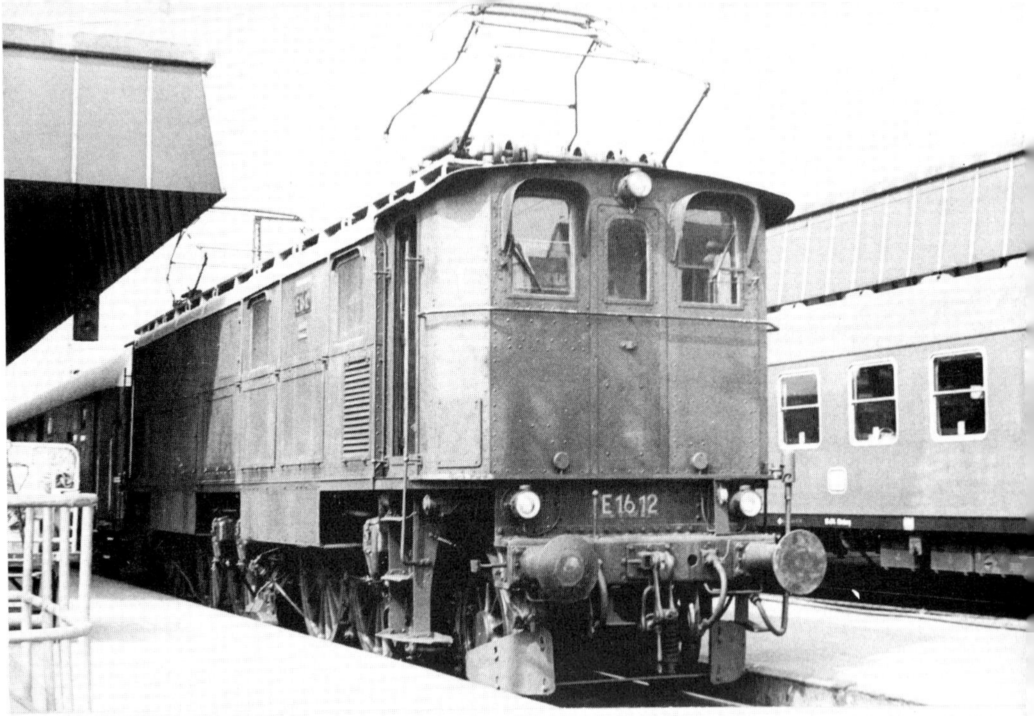

E16 12 vor einem Postzug nach München in Nürnberg Hbf. Bei dieser Lok sind zwei verschiedene Stromabnehmer montiert. August 1964. Aufnahme: Klaus-D. Holzborn

100

Im Winterfahrplan 1964/65 wurde auch der E556 von Nürnberg nach München mit einer E16 bespannt. Hier E16 18 bei einem kurzen Halt in Dachau am 8.2.65. Aufnahme: Helge Hufschläger

Beide Bilder zeigen einen äußerst seltenen Einsatz der E16 Richtung Stuttgart. E16 16 bringt im September 1970 einen Militärzug nach Ulm und fährt anschließend in das Bw, wo sie mit 23 028 aus Crailsheim zusammentrifft. Beide Aufnahmen: H.-J. Kurz

1o1

E16 18 des Bw Garmisch mit D93 Mittenwald - München bei der Durchfahrt in Weilheim am 7.9.56. Aufnahme: Friedrich Seitz

E16 21 rangiert eine Schwesterlok im Bw München Hbf auf ein anderes Gleis. 21.10.67. Aufnahme: Karl Ismaier

E16 07 vor einem Schnellzug in München Hbf am 11.1.65.

E16 16 nach der Ankunft im Holzkirchner Bahnhof zu München. Der Wasserkran war seinerzeit für die Züge nach Holzkirchen und Mühldorf noch in Betrieb. Beide Aufnahmen: Karl-Friedrich Seitz

E16 04 vor Krauss-Maffei in München-Allach. Sie brachte am 1.7.68 einen Personenzug hierher. Mit solch untergeordneten Diensten mußte sich die E16 nach und nach zufrieden geben.   Aufnahme: Karl-Friedrich Seitz

Bevor die S-Bahn eröffnet wurde, zog die E16 im Raum München eine Reihe von Personenzügen, wie hier auf der Strecke Geltendorf - München. 116 010 am 2.2.71 bei Puchheim.   Aufnahme: Andreas Knipping

Am gleichen Tag wie 116 010 bringt hier 116 005 einen Personenzug nach Geltendorf. Aufnahme: Andreas Knipping

Wer kennt diese Dampflok? Sie ist Eigentum des EISENBAHNCLUB MÜNCHEN e.V. und trifft im Juni 1975 auf dem Weg zu Filmaufnahmen ("Berlinger") nach Schleißheim bei München in München-Laim auf die nach Pasing fahrende ***116 018.***

116 002 steht vor dem alten Bahnhofsgebäude von Großhesselohe Staatsbahnhof und wartet mit N7938 auf die Abfahrt. Aufn.: F. Hofmeister

Die eindrucksvolle Großhesseloher Brücke mit N8131 von Starnberg nach Deisenhofen an einem frühen Morgen im Sommer 1976. Nach den Plänen der Bundesbahn wird diese allbekannte Brücke bis 1983 einem Neubau weichen. Aufnahme: Karl Ismaier

Nochmals N7938, diesmal mit 116 o17 am 22.9.75, beim Überqueren der Isarbrücke kurz vor Großhesselohe. Aufnahme: Florian Hofmeister

Am 3.3.76 durcheilte 116 oo9 mit N8131 Großhesselohe auf dem Weg nach Deisenhofen. Aufnahme: Andreas Braun

Rückleistung des N7938 aus Unterpfaffenhofen war zu Anfang des Sommerfahrplans die Doppel-Lz 14939, hier mit 144 186.

S-Bahn-Ergänzungsverkehr nach Unterpfaffenhofen: 116 018 mit N7938 am 11.6.75 bei Westkreuz.   Beide Aufnahmen: Andreas Braun

116 021 hat soeben den N8131 nach Deisenhofen gebracht und fährt als Lr 34551 nach Holzkirchen weiter. 14.4.76. Aufnahme: Andreas Braun

Der Expressgutzug 14131 von Freising nach München wird hier von 116 003 befördert. Aufgenommen bei Schleißheim am 28.5.76.
Aufnahme: Florian Hofmeister

Planmäßige Doppeltraktion im Winterfahrplan 1974/75. 116 001 und 116 002 vor Lr 34519 nach Rosenheim in München Hbf am 16.3.75. Aufn.: F.Hofmeister

116 019 verläßt München Hbf mit N4515 im Sommer 1977. Von der Hackerbrücke aus zeigt sich das Vorfeld des Münchner Hauptbahnhofs. Aufn.: B.Eisenschink

Zwei typische Münchner E16-Leistungen: Oben schleppt 116 oo3 einen Leerzug nach Pasing West beim Stellwerk "Kanal" , während unten 116 oo4 mit dem Freitags-Eilzug 3o84 nach Landshut unterwegs ist (12.o3.76)

Aufnahmen: Werner König, Andreas Braun

P1813 nach Freilassing steht am 17.9.65 abfahrbereit in München.
Aufnahme: Helge Hufschläger

E16 07 verläßt München mit D17 am 28.4.62. Aufgenommen auf der Höhe des Bahnbetriebswerkes München Hbf. Aufnahme: Rudolf Birzer

Sonderzugeinsatz wegen Sperrung der Brennerbahn: Am 9.3.75 verkehrt ein Flügelzug D 11286 von Innsbruck nach München, hier bei der Einfahrt in München Hbf aufgenommen.

Wintereinbruch in München: Im Dezember 1976 116 006 vor N4515 in etwas eingeschneitem Zustand. Beide Aufnahmen: Andreas Braun

Am 9.3.75 brachte 116 019 den N4520 nach München Hbf. Beachten Sie auch die passenden Wagen der Gruppe 39! Aufnahme: Andreas Braun

Planmäßige Doppeltraktion vor D1683 im Sommer 1974; 116 015 verläßt mit einer E10 den Münchner Hbf nach Salzburg. Aufnahme: F. Hofmeister

Außerplanmäßige Doppeltraktion zweier E16 vor N4515 am 6.7.77. 116 019 bringt 116 006 im Schlepp nach Rosenheim. Aufnahme: Werner König

Die "erste" und "letzte" E16. 116 001 verläßt den Münchner Hbf mit E3555 nach Kufstein; 116 021 wartet noch 12 Minuten, um dann mit N4515 nach Rosenheim zu fahren. Dieses Bild war den Ellokfreunden bis 1976 vertraut. 5.3.76. Aufnahme: Andreas Braun

Der E3554 aus Kufstein fährt soeben am Bw München Hbf vorbei. Sommer 1976.
Aufnahme: Andreas Braun

Ein Ereignis ganz besonderer Art: Der D 285 wurde am Sonntag, den 6.4.75 mit einer E16 bespannt. An diesem Tag fuhr der Zug nicht über Kufstein/Innsbruck, sondern über Salzburg, da der Brenner durch Lawinen blockiert war. Aufnahme: Florian Hofmeister

N4509 überquert im Sommer 1976 den Isarkanal bei München-Süd.

116 006 als Hochbahn in München vor der Giesinger Kirche. N4515 nach Rosenheim im Mai 1976.   Beide Aufnahmen: Florian Hofmeister

116 002 am Nockerberg mit N4509 am 7.3.75. Aufnahme: Andreas Braun

116 018 mit N4510 auf der Fahrt nach München Hbf am 15.8.74. Im Hintergrund wieder die neugotische Kirche in Giesing. Aufnahme: Stephan Michels

D1203 "Glückauf" bei der Einfahrt in München-Ost im August 1963.
Aufnahme: Wilhelm Tausche

N4510 bei der Einfahrt in München Ost aus Rosenheim kommend. Hier mit 116 004 am 3.3.76. Der Zug endete in München Ost. Aufnahme: Andreas Braun

E16 19 mit dem schweren Schnellzug D154 "Tauern-Express" bei Großkarolinenfeld im Mai 1962. Aufnahme: Wilhelm Tausche

12o

Im Sommer 1976 zeigt dieses Foto den E3555 bei Ostermünchen auf der Fahrt nach Kufstein. Aufnahme: Stephan Michels

116 006 mit N4509 bei der Einfahrt in den Bahnhof Assling an einem kalten Wintertag im Januar 1977. Aufnahme: Werner König

116 018 durchfährt mit N4507 die winterliche Landschaft bei Ostermünchen am 31.3.75. Aufnahme: Florian Hofmeister

Nochmals Winterlandschaft: Oben ist 116 006 mit N4508 am 7.1.77 bei Aubenhausen auf dem Weg nach Grafing, unten der gleiche Zug am 30.12.76 bei Assling. Beide Aufnahmen: Werner König

An einem herrlichen Wintertag zieht 116 oo6 den N4554 bei Endorf durch eine lange Kurve Richtung Rosenheim (3o.12.76). Aufnahme: Werner König

116 019 legt sich mit N4515 vor Ostermünchen in die Kurve. Aufgenommen bei Abendsonne am 4.7.74. Aufnahme: Florian Hofmeister

116 019 bei der Einfahrt in den Bahnhof Assling. N4512 auf dem Weg nach München am 30.7.76.

116 003 hat neben dem N4509 noch die 116 001 als Leerlok zu schleppen. 19.4.76 bei Vaterstetten. Beide Aufnahmen: Werner König

Im Juli 1974 bringt 116 006 den morgendlichen Eilzug aus Kufstein nach München, hier in der Morgensonne hinter Ostermünchen.30.7.74.
Aufnahme: Florian Hofmeister

In der richtigen Sekunde abgedrückt: N4512 Rosenheim - München-Ost am 18.5.75 bei Großkarolinenfeld. *Aufnahme: Werner König*

In der E16 des N4509 spiegelt sich die Mittagssonne, aufgenommen im Sommer 1977 kurz vor Großkarolinenfeld. Aufnahme: Werner König

126

116 008 vor N4515 nach Ostermünchen, 1.6.77 Aufnahme: Andreas Braun

N4508 beim kurzen Halt im Bahnhof Großkarolinenfeld. 5.7.77.
Aufnahme: Burkhard Wollny

P2808 nach München wird in Rosenheim von D 582 mit 118 016 (Bw Freilassing) überholt. 26.2.74. Die E18 ist von dieser Strecke inzwischen ganz verschwunden. Aufnahme: Thomas Hartogs

116 006 unter der Fahrdrahtspinne der Drehscheibe des Bw Rosenheim am 29.2.76. Aufnahme: Werner König

116 019 kuppelt an die 144 078 an und schleppt sie wenig später in den Reparaturschuppen des Bw Rosenheim. 4.8.77. Aufnahme: Thomas Rieger

E16 16 vor D69 München - Rom mit Kurswagen nach Neapel in Oberaudorf auf der Fahrt nach Kufstein. Aufgenommen im April 1962.

Zur gleichen Zeit hier die E16 08 vor D67 München - Rom bei einem ersten Halt in Rosenheim. Anfang der Sechziger-Jahre durfte die E16 noch solche Schnellzüge befördern. Beide Aufnahmen: Wilhelm Tausche

E16 vor dem Wilden Kaiser: 116 019 führt am 20.3.74 den 2860 von Kufstein nach Rosenheim. Fotografiert bei Oberaudorf. Aufnahme: H. Skrzypnik

P2853 nach Kufstein mit einer vereisten E16 im November 1973 in Rosenheim. Aufnahme: Thomas Hartogs

Im Umlaufplan als Leervorspann ausgezeichnet: Aber was bleibt bei einem Wendezug anderes übrig, als die E16 hinten anzuhängen? 116 003 am 30.7.76 mit einer E41 kurz vor der Abfahrt nach Kufstein. Aufnahme: Werner König

116 018 am 5.8.77 vor der Leergarnitur 34566 im Bahnhof Kufstein.
Aufnahme: Burkhard Wollny

Doppeltraktion vor N4551 mit 116 009 und 116 008 steht in Rosenheim zur Abfahrt nach Freilassing bereit. Aufnahme: Burkhard Wollny

116 001 mit 4533 fährt auf die Innbrücke in Rosenheim. 26.5.76 Aufnahme: Andreas Braun.

Zweimal E16 auf der Innbrücke: Oben 116 018 am 31.3.75 bei einem verspäteten Wintereinbruch mit N4537; unten 116 018 mit N4553 nach Übersee am 2.6.77. Beide Aufnahmen: Florian Hofmeister

116 008 mit dem Übersee-Zug im Bahnhof Landl bei Rosenheim am 24.9.77.
Aufnahme: Florian Hofmeister

116 009 im Sommer 1977 bei Stephanskirchen mit N4554 nach Rosenheim.
Aufnahme: Werner König

116 002 vor N4540 aus Freilassing kurz nach Endorf am 19.4.76.

116 021 am Neujahrstag 1973 mit N2824 bei Prien. Der Föhn ermöglicht einen Blick vom Hochfelln (links) bis zur Kampenwand (rechts).
Beide Aufnahmen: Florian Hofmeister

116 021 vor N2823 bei Rimsting am 1.1.73 auf der Fahrt nach Übersee.

136

116 004 aufgenommen am 31.12.75 kurz vor Rimsting mit N4554. Bei guter Sicht bietet besonders dieser Abschnitt der Strecke Rosenheim - Salzburg reizvolle Fotostandpunkte. Beide Aufnahmen: Florian Hofmeister

116 003 fährt am 5.5.76 im Bhf Prien ein (N4531), wo bereits 116 018 mit N4536 auf die Weiterfahrt nach Rosenheim wartet. Aufnahme: Th. Hartogs

Der N4533 von Rosenheim nach Freilassing. An einem Frühlingsmorgen, dem 12.4.76, aufgenommen vor Bernau. Aufnahme: Andreas Braun

138

Eine ältere Aufnahme, entstanden um 1960 , zeigt E16 02 vor der Kampenwand bei Bernau. Aufnahme: Ralf Roman Rossberg

116 018 in Übersee vor N4554 am 16.7.77. Aufnahme: Dorothea Tacke

Der N4540 aufgenommen im Frühjahr 1977 außerplanmäßig mit einer E16 von der Autobahnbrücke bei Bernau. Aufnahme: Florian Hofmeister

116 009 ist mit einem Reisebürosonderzug in Traunstein angekommen. 7.8.77. Aufnahme: Burkhard Wollny

116 021 in einem einwandfreien farblichen Zustand vor N 4554 (Freilassing-Rosenheim) vor Teisendorf. *Aufnahme: Florian Hofmeister*

14o

Der gleiche Zug hier bei der Ausfahrt aus Übersee. Auf diesem Streckenabschnitt sind die Formsignale noch größtenteils erhalten. Aufn.:A.Braun

N4531 mit 009 am 3.7.76 bei Vachendorf auf der Fahrt nach Freilassing.

116 006 mit N4533 bei Teisendorf am 6.8.77.
Beide Aufnahmen: Burkhard Wollny

116 009 fährt an ihrem Heimat-Bw vorbei. N4540 nach Rosenheim am 12.4.76 in Freilassing.
Am gleichen Tag bringt 116 019 den N4537 nach Freilassing;aufgenommen zwischen Teisendorf und Niederstraß.   Beide Aufnahmen: Andreas Braun

116 019 bringt eine Leergarnitur nach Salzburg am 4.7.76. Hier bei der Einfahrt in Salzburg Hbf.   Aufnahme: Burkhard Wollny

E16 01 mit einem Eilzug aus Salzburg ausfahrend.   Aufnahme: R.R. Rossberg

Zwei Leistungen besonderer Art: E16 auf der Strecke Traunstein - Ruhpolding mit Reisebürosonderzügen. Oben 116 009 am Abend des Ostermontag 1975 in Ruhpolding; unten die gleiche Maschine am 28.5.78 mit Sonderzug aus Trier bei Eisenärzt. Aufnahmen: Florian Hofmeister/Werner König

116 019 auf der Drehscheibe ihres Heimat-Bw am 6.8.77.
Aufnahme: Burkhard Wollny

116 002 auf dem Weg ins Bahnbetriebswerk im Bahnhof Freilassing; daneben 118 006; August 1973. Aufnahme: Heinz-Jürgen Goldhorn

E16 auf der Strecke Freilassing - Berchtesgaden waren äußerst selten, dennoch hier zwei Aufnahmen: 116 021 und 116 018 als Doppeltraktion vor einem Personenzug nach Berchtesgaden im Bahnhof Freilassing stehemd; August 1973; Unten: 116 009 mit einem Reisebürosonderzug in Berchtesgaden Hbf am 30.6.78. Aufnahmen: Thomas Rieger / Stefan Motz

Vom Schnee verweht: 116 008 sucht sich ihren Weg mit 4509 nach Rosenheim. Augenommen während des letzten zweitägigen Umlaufplanes (Winter77/78) in München Süd am 19.2.78. Aufnahme: Andreas Braun

Diese und die nächsten drei Seiten sollen die letzten E16-Planleistungen zeigen: 116 008 vor München-Ost am 9.2.78 mit N4509. Aufnahme: Florian Hofmeister

E16 über den Dächern von München: Abermals N4509 am 19.3.78 mit 116 008.

Kurze Zeit wurde im Winter 1977/78 der 4509 mit Silberlingen gefahren. 116 009 am 21.1. auf der Isarbrücke. Beide Aufnahmen: Andreas Braun

Am 23.3.78 war schließlich die letzte Fahrt der 116 008, und gleichzeitig damit das endgültige Planende der E16 eingeleitet. N4515 beim Halt in München-Ost wurde an diesem Tag letztmals von einer E16 gezogen.

Am Ostermontag, 27.3.78, bringt dann 116 009 (116 008 stand bereits "Z") die Leergarnitur für den N4509 nach München. Aufgenommen bei Föhnwetter kurz vor Ostermünchen. Aufnahmen: Andreas Braun / Florian Hofmeister

Letzte Planleistung einer E16 ab München ist der N4509. 116 009 unter der Hackerbrücke am 27.3.78 auf dem Weg nach Rosenheim geschmückt von Münchner Eisenbahnfreunden. Aufnahme: Werner König

Nachdem der Regen die Aufschrift schon etwas verwaschen hat, fährt die Lok nach der Abschiedsfahrt in den Schuppen des Bw Rosenheim. Aufnahme: Andreas Braun

Nach Planende war die 116 009 häufig vor Übergabezügen zwischen Freilassing und Salzburg eingesetzt. Oben überquert Lr 33606 am 21.8.78 die Salzach bei Freilassing; unten verläßt die 116 009 Freilassing mit einem Güterzug nach Salzburg. 22.7.78. Aufnahmen: Werner Stumpf/Burkhard Wollny

116 009 wurde am 5.5.79 nach München geschickt um diese Gleisbaumaschine zu wenden. Hier bei der Rückfahrt bei Teisendorf.
Aufnahme: Florian Hofmeister

E16 dienten oft als Sonderzuglok in ihren letzten Jahren. 116 008 vor einem Sonderzug für Eisenbahnfreunde auf dem Streckenabschnitt Garmisch - Mittenwald mit 144 001 als Schub. Aufnahme: Bernd Eisenschink

Am 21.5.77 verkehrte ein Sonderzug anläßlich des BDEF-Jahrestreffens von Nördlingen nach Stuttgart. Hier leistet 116 006 der 117 114 Vorspanndienste hinter Nördlingen. Aufnahme: Werner König

Zum 75-jährigen Jubiläum des Koblenzer Hbf fuhr 116 006 Pendelzüge auf der Moselbahn, hier bei Kobern-Gondorf; 24.4.77. Aufnahme: Martin Trauner

116 009 bei der Karwendelfahrt am 21.5.78. Zwischen Innsbruck und Seefeld wurde die 1670.08 zur Verstärkung eingespannt. Dies ist der einzige Einsatz einer E16 auf dieser Strecke.

Bei Klais befördert 116 009 den Zug wieder alleine.
Beide Aufnahmen: Werner König

Am Wochenende 19./20.5.79 war die 116 009 anläßlich des 100-jährigen Streckenjubiläums Weilheim - Murnau auf diesem Abschnitt mit Sonderzügen unterwegs. Am Morgen des 19.5. bringt die 116 009 einen Wagen des Eisenbahnclub München nach Murnau. Unten steht der Zug geschmückt in Polling; nicht weniger festlich die Kondukteure. Beide Aufnahmen: Andreas Braun

116 009 schleppte die 41 018 vom Bw München-Ost nach Neubiberg, wo die 41er Sonderfahrten durchführte und die 116 009 als Ausstellungsstück diente. 20.7.79 - eine Woche vor "Z"-Stellung der letzten E16.
Aufnahme: Horst Auburger

In Neubiberg stand die E16 zusammen mit dem 1903 gebauten bayerischen Lokalbahnwagen des Eisenbahnclub München ausgestellt.
Aufnahme: Florian Hofmeister

Die letzten Tage der E16: Das Bw Freilassing gab in der Zeit vom 23. bis 26.7.79 die 116 009 nochmals in den Plandienst. Sie fuhr einen Tag im Plan der BR 111. Oben bringt die E16 den E3502 nach München; aufgenommen am 24.7.79 bei Block Hilperting; unten ist sie zwischen Salzburg und Freilassing im Grenzverkehr unterwegs.
Aufnahmen: Florian Hofmeister / Siegbert Stroppel

Kein schönes Ende nahm es mit der E16 12: Am 31.10.67 steht sie nach ihrem schweren Unfall im AW München-Freimann. Aufnahme: A. Knipping

194 183 schleppt 194 111, 116 008, 018 und 006 in das AW München-Freimann. Die drei E16 standen zu diesem Tag bereits "Z". 30.3.78. Aufnahme: Axel Enderlein

Das Ende einer Baureihe: 116 001 bei der Zerlegung im AW München-Freimann am 4.4.77 . Aufnahme: Rüdiger Gänsfuß

*Das gleiche Schicksal ereilte 116 004 im AW Neuaubing. Die Anatomie der E16 wurde bei dieser Zerlegungsweise besonders gut ersichtlich.
Aufnahme: Andreas Braun*

Nur kurze Zeit währte der Einsatz der 116 o2o als Heizlok in Mainz Hbf. Hier aufgenommen von Martin Trauner am 23.12.75.

Gegenüberliegende Seite: Noch im Plandienst stand 116 oo9 am 3o.12.76, als sie mit N45o9 Block Ametsbichl passierte. Aufnahme: Werner König

Anfang 198o dagegen stand sie noch immer in Freilassing. Durch private Initiative wird die Lok der Nachwelt erhalten. Aufnahme (2.1.8o): B.Wollny

1
1
116 009-2